Découvrez l'histoire par les archives de presse

RETRONEWS

Le site de presse de la BnF

www.retronews.fr

ALMANACH

DE

JEAN RAISIN

JOYEUX ET VINICOLE

POUR L'ANNÉE 1855

(SOUS LA DIRECTION)

DE

GUSTAVE MATHIEU

PRIX : 50 CENTIMES

PARIS

J. BRY AÎNÉ, LIBRAIRE-ÉDITEUR

27, RUE GUÉNÉGAUD

AN DEUXIÈME DE JEAN RAISIN.

COMITÉ DE RÉDACTION.

Adèle Esquiros.
Alfred Baugeart.
Alfred Delveau.
Alphonse Toussenel.
Aussandon.
Barillot.
Barthet.
Champfleury.
Charles Jobey.
Charles Mumhler.
Charles Vincent.
E. de la Bédollière.

Eugène Dauriac.
Fernand Desnoyers.
Gustave Mathieu.
Ladwich Bœrne.
Lechelle.
Léon Noël.
Léon Plée.
Max Buchon.
Pierre Bry.
Pierre Dupont.
Pierre Lachambaudie.
Rouget de (Nevers).

Les propriétaires créateurs de nouveaux crus, les inventeurs de nouveaux moyens de fabrication et de culture pour la conservation et l'amélioration du vin, sont priés d'envoyer leurs réclamations à l'adresse de l'éditeur BRY, par bouteille *franco* et cachetée, et nous nous empresserons d'y faire droit, toutefois après les avoir lues et dégustées attentivement.

(Note de l'éditeur.)

PAR
MATHIEU
1855
DESSINS PAR
NADAR
CHEZ BRY AINÉ
27 RUE GUÉNÉGAUD 27
50 cent
ALMANACH
DE
JEAN RAISIN
JOYEUX ET VINICOLE

Paris. — Typographie de Gaittet et Cie, rue Git-le-Cœur, 7½

CALENDRIER POUR L'ANNÉE 1855.

	JANVIER.			FÉVRIER.			MARS.

☾ le 6. ● le 14. ☾ le 4. ● le 13. ☾ le 6. ● le 14.
☽ le 21. ☉ le 28. ☽ le 20. ☉ le 27. ☽ le 21. ☉ le 28.

Les jours croissent de 64 minutes. — Les jours croissent de 1 h. 37 minutes. — Les jours croissent de 1 h. 48 minutes.

JANVIER		FÉVRIER		MARS	
1 L.	CIRCONCISION.	1 J.	S. Ignace.	1 J.	S. Aubin.
2 M.	S. Basile, év.	2 V.	PURIFICATION.	2 V.	S. Simplice.
3 M.	Ste Geneviève	3 S.	S. Blaise.	3 S.	Ste Cunégon d
4 J.	S. Rigobert.	4 D.	SEPTUAGÉSIME	4 D.	REMINISCERE.
5 V.	S. Siméon.	5 L.	Ste Agathe.	5 L.	S. Adrien.
6 S.	EPIPHANIE.	6 M.	S. Amand.	6 M.	Ste Colette.
7 D.	S. Théau.	7 M.	S. Romuald.	7 M.	Ste Perpétue.
8 L.	S. Lucien.	8 J.	S. Jean de M.	8 J.	S. Jean de D.
9 M.	S. Furcy.	9 V.	Ste Apoline.	9 V.	Ste Françoise.
10 M.	S. Paul, ERM.	10 S.	Ste Scholast.	10 S.	S. Doctrové.
11 J.	S. Théodore.	11 D.	SEXAGÉSIME.	11 D.	S. Euloge.
12 V.	S. Arcade.	12 L.	S. Séverin.	12 L.	OCULI.
13 S.	Bapt. de N.-S.	13 M.	S. Lézin.	13 M.	Ste Euphrasie
14 D.	S. Hilaire.	14 M.	S. Valentin.	14 M.	S. Lubin.
15 L.	S. Maur.	15 J.	S. Faustin.	15 J.	S. Longin.
16 M.	S. Guillaume.	16 V.	S. Julienne.	16 V.	S. Abraham.
17 M.	S. Antoine.	17 S.	S. Théodule.	17 S.	Ste Gertrude.
18 J.	Ch. S. Pierre.	18 D.	QUINQUAGÉSIM	18 D.	LÆTARE.
19 V.	S. Sulpice.	19 L.	S. Siméon, év.	19 L.	S. Joseph.
20 S.	S. Sébastien.	20 M.	MARDI-GRAS.	20 M.	S. Joachim.
21 D.	Ste Agnès.	21 M.	CENDRES.	21 M.	S. Benoît.
22 L.	S. Vincent.	22 J.	Ch. S. Pierre.	22 J.	Ste Léc.
23 M.	S. Ildefonse.	23 V.	Ste Isabelle.	23 V.	S. Victorien.
24 M.	S. Babylas.	24 S.	S. Math. 4 T.	24 S.	S. Gabriel.
25 J.	Conv. S. Paul.	25 D.	QUADRAGÉSIME	25 D.	PASSION.
26 V.	Ste Paule.	26 L.	S. Léandre.	26 L.	ANNONCIATION
27 S.	S. Julien.	27 M.	Ste Honorine.	27 M.	S. Rupert.
28 D.	S. Charlemag.	28 M.	S. Romain.	28 M.	S. Gontran.
29 L.	S. Franç. de S.			29 J.	S. Eustase.
30 M.	Ste Bathildé.			30 V.	S. Rieul, év.
31 M.	Ste Marcelle.			31 S.	S. Gui.

AVRIL.			MAI.			JUIN.		
☾ le 4. ☉ le 13.			☾ le 5. ☉ le 12.			☾ le 4. ☉ le 10.		
☽ le 20. ☺ le 27.			☽ le 19. ☺ le 26.			☽ le 17. ☺ le 25.		
Les jours croissent de 1 h. 40 minutes.			Les jours croissent de 1 h. 17 minutes.			Les jours croissent de 16 minutes.		
1	D.	RAMEAUX.	1	M.	S. Jacq. S. Ph.	1	V.	S. Thierry.
2	L.	S. François P.	2	M.	S. Athanase.	2	S.	S. Pothin.
3	M.	S. Richard.	3	J.	Invent. Ste Cr.	3	D.	TRINITÉ.
4	M.	S. Isidore.	4	V.	Ste Monique.	4	L.	Vigileetjeune.
5	J.	S. Ambroise.	5	S.	Conv. S. Aug.	5	M.	S. Boniface.
6	V.	S. Prudent.	6	D.	S. Jean P. L.	6	M.	S. Claude.
7	S.	Ste Egésipe.	7	L.	S. Stanislas.	7	J.	FÊTE-DIEU.
8	D.	PAQUES.	8	M.	S. Désiré.	8	V.	S. Médard.
9	L.	Ste Françoise.	9	M.	S. Grégoire.	9	S.	S. Prime.
10	M.	S. Macaire.	10	J.	S. Gordien.	10	D.	S. Landri.
11	M.	S. Léon.	11	V.	S. Mamert.	11	L.	S. Barnabé.
12	J.	S. Jules.	12	S.	S. Nérée.	12	M.	S. Basilide.
13	V.	S. Justin.	13	D.	S. Servais.	13	M.	S. Ant. de P.
14	S.	S. Lubin.	14	L.	ROGATIONS.	14	J.	S. Rufin.
15	D.	QUASIMODO.	15	M.	S. Isidore.	15	V.	S. Modeste.
16	L.	S. Fructueux.	16	M.	S. Honoré.	16	S.	S. Fargeau.
17	M.	S. Anicet.	17	J.	ASCENSION.	17	D.	S. Avit.
18	M.	S. Parfait.	18	V.	S. Eric.	18	L.	S. Marine.
19	J.	S. Timon.	19	S.	S. Yves.	19	M.	S. Ger. S. P.
20	V.	S. Sulpice.	20	D.	S. Bernard.	20	M.	S. Silvère.
21	S.	S. Anselme.	21	L.	Ste Virginie.	21	J.	S. Leutroi.
22	D.	Ste Opportune	22	M.	Ste Julie, v. j.	22	V.	S. Paulin, év.
23	L.	S. Léger.	23	M.	S. Didier.	23	S.	S. Félix.
24	M.	S. Robert.	24	J.	Ste Jeanne.	24	D.	S. JEAN BAPT.
25	M.	S. Marc.	25	V.	S. Urbain.	25	L.	S. Prosper.
26	J.	S. Clet.	26	S.	S. Quadrat.	26	M.	S. Babolein.
27	V.	S. Anthime.	27	D.	PENTECOTE.	27	M.	S. Crescent.
28	S.	S. Polycarpe.	28	L.	S. Germain.	28	J.	S. Irénée, v. j.
29	D.	S. Vital.	29	M.	S. Maximin.	29	V.	S. P. S. Paul.
30	L.	S. Eutrope.	30	M.	S. Félix.	30	S.	Comm. S. P.
			31	J.	Ste Pétronille.			

JUILLET.		AOUT.		SEPTEMBRE.	
☾ le 3. ● le 10.		☾ le 1. ● le 8.		☾ le 6. ● le 14.	
☽ le 17. ◐ le 25.		☽ le 15. ◐ le 23.		☽ le 22. ◐ le 29.	
Les jours décroissent de 56 minutes.		Les jours décroissent de 1 h. 54 minutes.		Les jours décroissent de 1 h. 42 minutes.	

1	D.	S. Martial.	1	M.	S. Pierre ès-L.	1	S.	S. Leu S. Gill.
2	L.	Visit. de N.-D.	2	J.	S. Etienne, P.	2	D.	S. Lazare.
3	M.	S. Anatole.	3	V.	Inv. de S. Et.	3	L.	S. Grégoire.
4	M.	Tr. S. Martin.	4	S.	S. Dominique.	4	M.	Ste Rosalie.
5	J.	Ste Zoé, M.	5	D.	S. Yon, M.	5	M.	S. Bertin.
6	V.	S. Tranquille.	6	L.	Tr. de N. S.	6	J.	S. Onésiphore
7	S.	Ste Aubierge.	7	M.	S. Gaëtan.	7	V.	S. Cloud.
8	D.	Ste Priscille	8	M.	S. Justin.	8	S.	NAT. DE LA V.
9	L.	S. Véronique.	9	J.	S. Spire, V.	9	D.	S. Omer, ÉV.
10	M.	Ste Félicité.	10	V.	S. Laurent.	10	L.	Ste Pulchérie.
11	M.	Tr. S. Benoît.	11	S.	Ste Cour.	11	M.	S. Patient, ÉV.
12	J.	S. Gualbert.	12	D.	Ste Claire.	12	M.	S. Serdot.
13	V.	S. Turiaf.	13	L.	S. Hippolyte.	13	J.	S. Maurille.
14	S.	S. Bonavent.	14	M.	S. Eusèbe, V.J.	14	V.	Exalt. Ste Cr.
15	D.	S. Henri.	15	M.	ASSOMPTION	15	S.	S. Nicom. 4 T.
16	L.	N.-D. M.-C.	16	J.	S. Roch.	16	D.	S. Cyprien.
17	M.	S. Alexis.	17	V.	S. Mamers.	17	L.	S. Lambert.
18	M.	S. Clair.	18	S.	Ste Hélène.	18	M.	S. J an Chrys.
19	J.	S. V. de Paul.	19	D.	S. Louis, ÉV.	19	M.	S. Janvier.
20	V.	Ste Marguerit.	20	L.	S. Bernard.	20	J.	S. Eustache.
21	S.	S. Victor, M.	21	M.	S. Privat.	21	V.	S. Mathieu.
22	D.	Ste Madeleine	22	M.	S. Symphor.	22	S.	S. Maurice.
23	L.	S. Apollinaire	23	J.	S. Sidoine, V.J.	23	D.	Ste Thècle, V.
24	M.	Ste Christine.	24	V.	S. Barthélemi.	24	L.	S. Andoche.
25	M.	S. Jacq. S. M.	25	S.	S. Louis, ROI.	25	M.	S. Firmin.
26	J.	Tr. de S. M.	26	D.	S. Zéphirin.	26	M.	Ste Justine.
27	V.	S. Pantaléon.	27	L.	S. Césaire.	27	J.	S. Côme, S. D.
28	S.	Ste Anne.	28	M.	S. Augustin.	28	V.	S. Céran.
29	D.	Ste Marthe.	29	M.	Déc. S. Jean.	29	S.	S. Michel.
30	L.	S. Abdon.	30	J.	S. Fiacre.	30	D.	S. Jérôme.
31	M.	S. Germ. l'A.	31	V.	S. Ovide.			

OCTOBRE.			NOVEMBRE.			DÉCEMBRE.		
☾ le 6. ● le 13.			☾ le 4. ◉ le 12.			☾ le 4. ◉ le 12.		
☽ le 21. ☉ le 28.			☽ le 20. ☉ le 27.			☽ le 19. ☉ le 26.		
Les jours décroissent de 1 h. 42 minutes.			Les jours décroissent de 1 h. 19 minutes.			Les jours croissent de 16 minutes.		
1	L.	S. Rémi, év.	1	J.	TOUSSAINT.	1	S.	S. Eloi.
2	M.	SS. Ang. Gard.	2	V.	Trépassés.	2	D.	Avent.
3	M.	S. Denis, av.	3	S.	S. Marcel, év.	3	L.	S. Mirocle.
4	J.	S. F. d'Assise.	4	D.	S. Charles.	4	M.	Ste Barbe.
5	V.	Ste Aure, v.	5	L.	Ste Bertilde.	5	M.	S. Sabas. av.
6	S.	S. Bruno.	6	M.	S. Léonard.	6	J.	S. Nicolas.
7	D.	S. Serge.	7	M.	S. Wilbrod.	7	V.	Ste Fare, v.
8	L.	Ste Thaïs.	8	J.	Stes Reliques.	8	S.	Conception.
9	M.	S. Denis, év.	9	V.	S. Mathurin.	9	D.	Ste Léocadie.
10	M.	S. Céréon.	10	S.	S. Léon.	10	L.	Ste Valère.
11	J.	S. Firmin.	11	D.	S. Martin.	11	M.	S. Fuscien.
12	V.	S. Vilfride.	12	L.	S. René, év.	12	M.	S. Damase.
13	S.	S. Edouard.	13	M.	S. Brice, év.	13	J.	Ste Luce, v.
14	D.	S. Caliste.	14	M.	S. Maclou.	14	V.	S. Nicaise.
15	L.	Ste Thérèse.	15	J.	S. Eugène.	15	S.	S. Mesm.
16	M.	S. Gal, abbé.	16	V.	S. Eucher.	16	D.	Ste Adélaïde.
17	M.	S. Cerboney.	17	S.	S. Agnan.	17	L.	Ste Olympe.
18	J.	S. Luc, év.	18	D.	Ste Aude.	18	M.	S. Gatien.
19	V.	S. Savinien.	19	L.	Ste Elisabeth.	19	M.	Ste Meuris.
20	S.	S. Sendou.	20	M.	S. Edmond.	20	J.	S. Philogone.
21	D.	Ste Ursule.	21	M.	P. de la Vierge	21	V.	S. Thomas.
22	L.	S. Mellon.	22	J.	Ste Cécile.	22	S.	S. Honorat.
23	M.	S. Hillarion.	23	V.	S. Clément.	23	D.	Ste Victoire.
24	M.	S. Magloire.	24	S.	Ste Flore, v.	24	L.	S. Yves, v. j.
25	J.	S. Cr. S. Cr.	25	D.	Ste Catherine.	25	M.	NOEL.
26	V.	S. Rustique.	26	L.	Ste Genev. A.	26	M.	S. Étienne, m.
27	S.	S. Frumence.	27	M.	S. Severin.	27	J.	S. Jean; ap.
28	D.	S. Sim. S. Jud.	28	M.	Av. S. Sosth.	28	V.	SS. Innocents.
29	L.	S. Faron, év.	29	J.	S. Saturnin.	29	S.	S. Thomas. C.
30	M.	S. Luc, v. j.	30	V.	S. André.	30	D.	Ste Colombe.
31	M.	S. Quentin.				31	L.	S. Sylvestre.

SAISONS

LE PRINTEMPS commencera le 21 mars à 4 heures 16 minutes du matin.
L'ÉTÉ commencera le 22 juin à 0 heures 58 minutes du matin.
L'AUTOMNE commencera le 23 septembre à 5 heures 9 minutes du soir.
L'HIVER commencera le 22 décembre à 8 heures 58 minutes du matin.

Les heures du lever et du coucher du soleil sont données pour Paris ; dans tout autre lieu, les heures sont généralement différentes. Dans toute l'étendue de la France et de la Belgique, la différence d'heure pour un lever de soleil peut aller jusqu'à 20 minutes. Au sud de Paris, pendant le printemps et l'été, le soleil se lève plus tard et se couche plus tôt qu'à Paris même ; c'est le contraire pour les pays au nord de Paris. Pendant l'automne et l'hiver, c'est le phénomène inverse. La différence va en croissant depuis les équinoxes jusqu'aux solstices.

L'ANNÉE 1855 RÉPOND AUX ANNÉES :

6568 de la période julienne.

2608 de la fondation de Rome, selon Varron.

2602 depuis l'ère de Nabonassar, fixée au mercredi 26 février de l'an 3967 de la période julienne, ou 747 ans avant J.-C. selon les chronologistes, et 746 suivant les astronomes.

2651 des Olympiades, ou la 3ᵉ année de la 658ᵉ Olympiade, commence en juillet 1855, en fixant l'ère des Olympiades 775 ans 1/2 avant J.-C. ou vers le 1ᵉʳ juillet de l'an 3938 de la période julienne.

1271 des Turcs commence le 24 septembre 1854 et finit le 12 septembre 1855, selon l'usage de Constantinople.

COMPUT ECCLÉSIASTIQUE.		QUATRE-TEMPS.	
Nombre d'or en 1855.	15	Février. . . 28. Mars. . 2 et 5	
Epacte.	XII	Mai. . . . 50. Juin. . 1 et 2	
Cycle solaire.	16	Septembre. . 19, 21 et 22.	
Indiction romaine.	13	Décembre. . 19, 21 et 22.	
Lettre dominicale.	G		

FÊTES MOBILES.

Septuagésime. . .	4 février.	Pentecôte. . . .	27 mai.
Les Cendres. . .	21 février.	La Trinité.	3 juin.
Pâques. . . .	8 avril.	La Fête-Dieu. . . .	7 juin.
Les Rogations. .	14, 15 et 16 mai.	1ᵉʳ dimanche de l'Avent.	2 décembre.
Ascension. . . .	17 mai.		

ÉCLIPSES POUR 1855.

Il y aura cette année 4 éclipses, 2 de soleil et 2 de lune.

Le 2 mai, éclipse totale de lune, en partie visible à Paris, commencement à 5 h. 25-9 du matin, fin à 6 h. 4-9.

Le 16 mai, éclipse partielle du soleil, invisible à Paris, commencement à 0 h. 12 du matin, fin à 4 h. 8.

Le 25 octobre, éclipse totale de lune, en partie visible à Paris, commencement à 5 h. 55 du matin, fin à 9 h. 24.

Le 9 novembre, éclipse partielle du soleil, invisible à Paris, commencement à 5 h. 45 du soir, fin à 9 h. 8.

Tableau des plus grandes marées de l'année 1855.

Le Soleil et la Lune, par leur attraction sur la mer, occasionnent des marées qui se combinent ensemble et qui produisent les marées que nous observons. La marée composée est tres-grande vers les syzygies, ou les nouvelles et pleines Lunes. Alors elle est la somme des marées partielles qui concourent à leur production, varient avec les déclinaisons du Soleil et de la Lune, et les distances de ces astres à la Terre : elles sont d'autant plus considérables, que la Lune et le Soleil sont plus rapprochés de la Terre et du plan de l'équateur. Le Tableau ci-dessous renferme les hauteurs de toutes ces grandes marées pour l'année 1855.

	Jours et heures de la syzygie.	Hauteur de la marée.		Jours et heures de la syzygie.	Hauteur de la marée.
Janv.	P. L. le 3 à 9 h. 28 m. mat.	0,72	Juill.	N. L. le 14 à 4 h. 10 m. mat.	0,92
	N. L. le 18 à 8 h. 47 m. mat.	0,94		P. L. le 29 à 6 h. 30 m. mat.	0,97
Févr.	P. L. le 2 à 3 h. 51 m. mat.	0,77	Août.	N. L. le 12 à 7 h. 2 m. soir.	0,77
	N. L. le 16 à 6 h. 57 m. soir.	1,08		P. L. le 27 à 1 h. 50 m. soir.	1,09
Mars.	P. L. le 3 à 10 h. 17 m. soir.	0,87	Sept.	N. L. le 11 à 11 h. 1 m. mat.	0,85
	N. L. le 18 à 4 h. 55 m. mat.	1,11		P. L. le 25 à 9 h. 35 m. soir.	1,14
Avril.	P. L. le 2 à 2 h. 58 m. soir.	0,92	Oct.	N. L. le 11 à 3 h. 33 m. mat.	0,89
	N. L. le 16 à 3 h. 14 m. soir.	1,02		P. L. le 25 à 7 h. 36 m. mat.	1,05
Mai.	P. L. le 2 à 4 h. 13 m. mat.	9,91	Nov.	N. L. le 9 à 7 h. 40 m. soir.	0,87
	N. L. le 16 à 2 h. 23 m. mat.	0,87		P. L. le 23 à 8 h. 1 m. soir.	0,89
	P. L. le 31 à 2 h. 57 m. soir.	0,87	Déc.	N. L. le 9 à 10 h. 27 m. mat.	0,84
Juin.	N. L. le 14 à 2 h. 58 m. soir.	0,74		P. L. le 23 à 10 h. 48 m. mat.	0,77
	P. L. le 29 à 11 h. 23 m. soir.	0,88			

Dans nos ports, les plus grandes marées suivent d'un jour et demi la nouvelle et la pleine Lune. Ainsi, l'on aura l'époque où elles arrivent, en ajoutant un jour et demi à la date des syzygies. On voit, par ce Tableau, que pendant l'année 1855, les plus fortes marées seront celles du 18 février, du 19 mars, du 18 avril, du 29 août, du 27 septembre et du 26 octobre. Ces marées, celles surtout du 19 mars et du 27 septembre, pourraient causer quelques désastres si elles étaient favorisées par les vents.

Voici l'unité de hauteur pour quelques ports :

Unité de hauteur.		Unité de hauteur.	
Port de Brest.	3 m. 21	Port de Saint-Mâlo. .	5 m. 98
— Lorient. . .	2, 24	— Audierne. . .	2, 00
— Cherbourg. .	2, 70	— Croisic. . .	2, 68
— Granville. .	6, 35	— Dieppe. . .	4, 40

L'unité de hauteur à Brest est connue avec une grande exactitude. Dans une suite d'observations faites pendant 16 ans, depuis 1806 jusqu'en 1823, on a choisi les hautes et basses mers équinoxiales, comme étant à peu près indépendantes des déclinaisons du Soleil et de la Lune. La moyenne de 384 de ces observations a donné 6 m, 415 pour la différence entre les hautes et basses marées ; la moitié de ce nombre ou 3 m, 21 est ce qu'on appelle l'*unité de hauteur*.

Si l'on veut connaître la hauteur d'une grande marée dans un port, il faudra multiplier la hauteur de la marée prise dans le Tableau précédent par l'unité de hauteur qui convient à ce port.

JEAN GUÊTRÉ A JEAN RAISIN.

Mon cher Jean Raisin,

« Si j'avais le temps, le papier de ma lettre serait encadré de noir, je t'enverrais mes condoléances pour la triste année qui décourt et fort heureusement touche à sa fin. Une chose pourtant me rassure comme un gai souvenir de la veille ou le bouquet d'une vieille bouteille oubliée au fond du caveau. Il m'appert qu'ayant mis à profit le songe de Joseph, des sept épis gras et maigres, tu avais pris tes précautions de longue date, car Jean Raisin est éternel. Mais las ! les imprévoyants ne sont-ils pas les plus nombreux, et ne seront-ils pas obligés de recourir aux mamelles simples de la terre, telles que fleuves, rivières, fontaines, bornes-fontaines, puits artésiens et autres, n'était ton compère normand, un peu froid du reste, le cidre...

« À bien prendre, faute de grives, il faut tuer des merles, et au lieu de déguster le pinot, presser la pomme, alcooliser la betterave et autres légumes. Mon ami, faisons notre prière et confessons nos péchés. L'oïdium est une nouvelle plaie d'Égypte à quoi je préférerais toutes les sauterelles de la terre.

« Es-tu pour le soufre ou le cambouis, pour l'absence de poudrette ou autres spécifiques empiriques ? Je te sais moins savant et plus confiant dans le remoût général. Un coup de coude à la planète et les choses iront au mieux. Déchaussons le plant et taillons, gardons, espérons : triste devise quand le verre est sec ! Je l'emplis à l'an prochain et le toque fraternellement contre le tien, à la destruction de l'oïdium et de *l'ours du nord*.

« JEAN GUÊTRÉ. »
Pour copie conforme,
PIERRE DUPONT.

OCTROI

PROCLAMATION

DE L'AN DEUXIÈME

DE JEAN RAISIN.

Du clos Pessin, ce 15 septembre.

C'est encore moi, j'arrive, me voilà! moitié pâle et moitié rouge, riant d'un œil et pleurant de l'autre; mais avec de l'espérance dans le cœur de quoi remplir tous les tonneaux et toutes les cuves du vignoble universel.

Or, oyez religieusement ce que je vais vous dire en commençant toutefois par un long toast délayé dans une longue phrase; les longs toasts sont comme jambons, saucisses, saucissons, langues fumées et autres salaisons; cela altère, cela fait boire, c'est la vraie manière de commencer.

Au nom du vieux Noé et de ses trois fils Sem, Cham et Japhet. Ainsi soit-il!

A vous premièrement et avant tous, vignerons, tonneliers, sommeliers, fendeurs de merin, bouteilliers, vendangeurs et tous autres travailleurs vivant de la vigne, et par la vigne, et pour la vigne! à vous, qui le front sur le sol et le dos vers le ciel, plantez, piochez, coupez, rognez, fumez, provignez; les autres cerclant, soutirant, collant, remplissant, bondonnant hermétiquement, le vin de tous, à tous et pour tous, pour la plus grande joie, honneur et gloire de *Jean Raisin*, en son nom et en commémoration de l'an deuxième de son apparition. A vous tous salut et bonne espérance!

Et tout d'abord, permettez-moi de vous offrir une seconde fois ce petit almanach de l'an II, écrit et composé tout exprès pour l'usage et récréation des francs buveurs et des vrais travailleurs : il est joyeux et vinicole, c'est-à-dire tout rempli et parfumé de bons, de vrais, d'utiles, honnêtes et délectables enseignements, puisés à vives et claires sources, avec la collaboration des grands et petits littérateurs des temps, vieux et nouveaux, le tout écrit selon la force et l'aptitude d'un chacun ; le plus faible servant d'ombre et aidant au relief du plus fort, l'un poussant l'autre, comme on dit, le tout pour concourir à un ensemble plus ou moins parfait et que je vous présente tel quel.

Cela manque peut-être un peu de sorciers, de revenants, de loups-garous, d'histoires très-véridiques, de serpents de mer enlaçant de grands vaisseaux pour les broyer et les entraîner dans l'abîme, de prophéties stupides, de femmes-poissons, d'enfants tricolores, de tremblements de terre, d'exemples de charité donnés par des prélats célèbres, par des marquises sèches, ou de gros hommes riches : toutes narrations inventées, créées et mises en lumière par d'abominables gueux gagés par le diable en personne, le tout à cette fin d'entretenir parmi les pauvres de science, la stupidité, l'ignorance et la superstition, qui sont éléments plus immenses que le ciel, plus grands que toutes les eaux de la mer, et sur le dos desquelles s'élèvent et naviguent éternellement force, ruse, mensonge, sous le masque de l'ordre et de la justice.

Mille milliards de bouteilles ! par ma serpe, ma doloire, par ma trique de sarment et par ma couronne de pampre et de raisins toujours mûrs, je vous le dis en vérité, Jean Raisin n'a rien à démêler avec ces enseignements canailles et malhonnêtes ; ce qu'il lui faut à lui, c'est le bon, le juste, le beau, autant que possible, l'utile toujours, le vrai. Oh ! quant à ce personnage-là, je vous montrerai le petit bout de son nez ; aux malins à deviner le reste.

Maintenant, frères et amis, entendons-nous bien, aidons-nous les uns les autres, aimons-nous, et recevez-moi pour la deuxième fois parmi vous sous la forme d'almanach, et coude en l'air, corps en arrière, buvons un coup pour célébrer ma bienvenue, buvons-en quatre pour le salut et guérison de la vigne universelle !

Boire ! boire ! et je ne le comprends que de trop, ce mot joyeux, loin de les faire sourire, fait pâlir visiblement toutes vos trognes. Boire qui? quoi? que? allez-vous me répondre. La pluie, l'ombre, la honte, nos sueurs, nos larmes, l'oïdium, le choléra, la guerre, de l'orgeat, du sirop de vinaigre, du cidre, de la bière?

Vous voilà bien toujours les mêmes, sans cesse le murmure sur les lèvres, radotant la plainte inutile, doutant éternellement de la Providence, celle-là même qui tient en réserve, dans de grands et petits caveaux, les vins de tous les crus et des meilleures années pour le plus grand lucre de MM. les agioteurs.

Cette Providence enfin qui veille en particulier depuis tant de siècles sur la gloire et le bonheur des Français, à laquelle j'ai voulu moi-même complaire, et pour laquelle j'ai endossé le surplis blanc, coiffé le bonnet noir carré et acheté une paire de souliers neufs, pour, aidé de quelques amis et précédé du serpent de ma paroisse, porter les châsses de sainte Solange, sainte Geneviève, sainte Brigitte et autres saintes dont le nom m'échappe; il y a plus, j'ai sous une pluie battante et des raffales à déraciner la vigne, porté en personne les bannières de saint Vincent et de saint Grégoire.

J'ai fait tout cela, je me suis après roulé dans la cendre, j'ai porté des chemises de crin, j'ai, jeûné, je me suis donné la discipline, et rien! rien! je n'ai obtenu que ce que vous savez, *unda! unda! unda!* de l'eau, de l'eau, de l'eau, quelques jours de chaleurs insupportables, puis du tonnerre, des trombes, la peste et cœtera; quant au vin, néant.

Il y a décidément là-haut quelqu'un qui n'est pas content...

Le remède à tant de maux? le remède, il n'y a rien de plus simple : *ecce*, le voilà :

Se prendre le nez entre le pouce et l'index, fermer les yeux et avaler tout cela sans goûter; il y a de fatals événements et de grands désastres qui s'avalent de la sorte, cela perce par le bas, cela se rend et le malade se trouve guéri.

Eh bien oui, buvons! buvons quand-même, buvons toujours, n'importe *avec quoi*, mais non pas *pour qui*. Buvons à un avenir meilleur, à la destruction de la guerre, de l'oïdium et de la peste, au mépris de la gloire inutile; dussent, pour le toast, les Pharisiens, les agioteurs, et les hommes armés nous tendre au bout d'une perche une éponge imbibée d'eau sucrée, de cidre ou de bière de Strasbourg.

Sur ce, mes frères et amis, je vous quitte en vous donnant le conseil de retourner pour planter, piocher, couper, rogner et provigner vos vignes, et que la Providence qui toujours veille, vous ait en sa sainte et digne garde, et vous inspire l'idée généreuse d'acheter ce petit almanach qui, comme je vous l'ai dit plus haut, est rempli de bons et joyeux enseignements.

Donné en notre loge, de notre clos Pessin, à Masry, ce quinzième jour de septembre de l'an ii.

JEAN RAISIN.

Pour copie conforme,

GUSTAVE MATHIEU.

P. S. Au moment de mettre sous presse notre proclamation de l'an ii, nous apprenons qu'il vient d'être fait droit à certain passage de celle de l'an 1er, où par cette phrase : *Abaissez-vous, frontières, laissez-nous voir les coteaux d'Espagne, d'Allemagne, d'Italie, de Hongrie* et TUTTI QUANTI. Nous exprimions un vœu qui vient d'être exaucé, puisqu'en effet, mon très-cher frère, le Jean Raisin de toutes les Espagnes et autres lieux qui depuis longtemps nous tendait la main par dessus les Pyrénées, vient enfin de voir cette main fraternelle amoureusement pressée par un décret qui autorise et favorise l'entrée en France des vins d'Espagne ; que l'Espagne en fasse autant, et cette fois les deux peuples pourront s'écrier le verre en main : Il n'y a plus de Pyrénées !

JE CROIS AU VIN.

Le bonheur, mes enfants, devient mûr au soleil ;
Il pousse après les ceps, il est d'un noir vermeil...
— Le bonheur, c'est du vin !... c'est du vin de Bourgogne !
Il vous met de la joie en rouge sur la trogne ;
Il s'appelle pomard ou beaune ! — le bonheur,
Ça ne se rêve pas, — ça se boit !... c'est meilleur...
— Dire que le bonheur peut tenir dans mon verre !...
Pas longtemps, il est vrai : tout passe sur la terre !...
— Le beaune que j'ai bu me fait rire les yeux,
Je vois couleur de vin... mon chemin est joyeux...
On dirait, sur le ciel, qu'enlumine l'automne,
Que le soleil couchant met en perce une tonne...
J'entends dans le lointain rire et jaser l'écho...
Le rire des moissons, c'est le coquelicot !
Les peupliers sont saouls : au bord de l'eau malsaine
Ils peuvent dans le vent se soutenir à peine...
L'air a je ne sais quoi de vif, de guilleret...
On dirait que les champs sortent du cabaret !
— La bonté du pomard gagne le cœur : on aime,
On devient aussi bon que le pomard lui-même ;
Et sur le vin l'amour revient, comme sur l'eau
Remonte la grenouille aussitôt qu'il fait beau !
— Le vin c'est le printemps ! c'est le soleil ! il dore,
Il sème dans le cœur des fleurs qu'on sent éclore !...
Ainsi qu'un nid d'oiseaux qui vient de s'éveiller,
Tout le bonheur passé se met à gazouiller...

Comprend-on que le vin mette un homme en colère ?
À peine a-t-on le temps d'en boire sur la terre !...
Le vin n'est pas méchant quand il est naturel,
Il est doux, au contraire, il est spirituel...
Ce n'est pas mal placer son argent que de boire !...

Je crois sincèrement au vin ! il faut y croire !
Ainsi qu'un bon pasteur, on l'aime, il vous convainct...
C'est ma religion, à moi : Je crois au vin !
1854.   FERNAND DESNOYERS.

DANS LES VIGNES DE LA MOLDO-VALACHIE !

« A mon ami Jean-Raisin.

« Au moment où tu vas publier ton almanach annuel, venant toujours irrévocablement en septembre comme le vin nouveau, apparaissant alors tout doré sur tranches comme un chasselas, sortant des seules presses aujourd'hui libres..., *celles du vendangeur*, et appelé, comme les plus excellents produits de ce Roi des travailleurs, à faire pétiller nos verres, tu me demandes à moi, humble commis-voyageur en vins de Champagne à Bucharest et à Iassy, si, *dans cette question moldo-valaque* qui agite le monde entier, il n'y aurait pas là le moindre petit suc à exprimer au profit de Jean Raisin.

« Par ma foi ! grand merci de la demande, elle vaut vraiment qu'on y réponde !

« En effet, quand nous voilà ici, fin juillet, dévorés, au sein de nos latitudes tempérées, par des chaleurs tropicales, n'est-il pas d'un bon esprit, mieux que cela, n'est-il pas d'un bon cœur, de dire à ces soldats français qui vont bientôt passer le Danube, d'apprendre à leurs amis, que les provinces de Valachie et de Moldavie abondent en riches et en excellents vignobles ?

« Oui, là sont des ceps généreux, abondants qui, à chacun de leur pas, vont étancher leur soif, soulager leurs fatigues, doubler leur énergie, leur courage et rendre forcément la guerre plus courte, en diminuant l'étape !

« Les Oasis vinicoles se trouvent précisément dans les districts d'Ylforso et de Vlaska, théâtre de la guerre, et leurs pampres vigoureux, surchargés de raisins qui mûrissent seulement à la fin de septembre, se sont déjà entendus avec les lauriers de l'endroit pour la réception qu'il convient de faire, vers cette époque, à nos soldats victorieux !

« Les raisins moldo-valaques !... ami Jean, mais ils sont renommés à deux cents lieues à l'entour pour leurs quintessences stomachiques ; ils ne manqueront pas, alors, d'agir, eux, au rebours de ces grappes champenoises que les Prussiens de 1792 se dépêchaient de manger avant Valmy, comme si quelque chose leur disait à l'oreille qu'ils n'auraient plus le loisir de les manger après, et qui, *les rusées !...* venant mêler au feu de la mitraille républicaine, leurs vertus laxatives, ne laissèrent plus voir dans la même journée, à ce camp de la Lune, *ainsi nommé*, des Prussiens, que leurs derrières, ce qui t'explique, pourquoi, *postérieurement*, dans la langue du soldat et de l'ouvrier, ces deux mots en France, sont un jour devenus, puis restés complétement synonymes! On vit donc alors, grâce à la coalition du canon et des raisins, le sol français *radicalement purgé* de la présence de l'ennemi! Cette fois, au contraire, comme l'auraient dit nos vieux grenadiers de la garde, ces seuls poëtes du premier empire, « *Bacchus, nous aimons à l'espérer, tendra à Mars une main secourable!*

« La Hongrie, en effet, ce pays des hussards et du vin de Tokay, n'est pas loin, et le même rayon de soleil qui imprègne, là, de ses feux de diamants, l'uniforme et les bouteilles, n'a pas pu refuser aux treilles moldo-valaques, voisines de Dragachan et de Cotnar, les mêmes incandescences et les mêmes saveurs!

« Seulement, *et c'est, en cela que l'intervention de nos soldats sera bonne*, un tout petit contraste est ici à constater ; le sort a voulu que la Hongrie ait un empereur allemand qui boit du vin, qui en boit d'autant plus qu'il en boit du meilleur; et le moldo-valaque, fi donc! il a un Empereur turc! un Empereur qui a cinq cents femmes et qui boit de l'eau; les malheureuses! de là, ami Jean, il découle, tu le conçois, une quantité d'inconvénients que la gloire du soldat français doit immédiatement métamorphoser en mille avantages nouveaux! Sous ce rapport même, ces Turcs si braves et si vaillants, ne s'aperçoivent pas, (et qui aura jamais le privilége de le leur dire si ce n'est toi?..) que les quelques vœux secrets qui peuvent s'élever contre eux, à l'endroit du succès définitif de leurs armes, dans cette guerre impie qui leur est tout à coup suscitée par le Czar, viennent incontestablement de ce que, possesseurs, depuis des siècles, des contrées les plus admirablement situées, où la vigne et les raisins poussent à vue d'œil, ils ont, dans Mahomet, un biscornu de prophète (va pour prophète, car on n'osera pas dire de celui-là qu'il était *Devin*), qui a mis le holà aux félicités des buveurs, en lâchant la bride aux amoureux, qui a inventé les sérails et aboli les cabarets.

« De là l'affaiblissement de l'empire turc!.. et pourtant comme on dit, le Vin *c'est le lait des vieillards*.

« De là aussi le malheur de ses tributaires!

« Voyez comme les étymologies sont belles, et, comme toutes les belles, voyez comme elles sont trompeuses.

« *Tribut* voilà qui devrait se payer à qui boit trois fois.

« Eh! bien, non! depuis cinq cents ans, le tribut des Moldo-Valaques s'est réglé tristement en or, en chevaux, en faucons, en aigrettes, et le pauvre Roumain, lui si riche en jus de la treille, c'est toujours inutilement qu'envers pareil suzerain il aurait aspiré à se liquider!

« Mais, empressons-nous de le dire, son voisin le Hongrois est né guerrier; il est sorti tout botté et éperonné des entrailles de sa mère; il a su, en méritant de bonne heure le loisir des longues paix par des guerres bien faites, devenir, à temps, tonnelier et vigneron! Maçon, *dans les limites où il convient de l'être*, il a appris de l'architecture tout ce qu'il faut pour se construire des caves aujourd'hui plusieurs fois centenaires. « *Né à cheval*, disait un soldat français de l'armée de Moreau prisonnier à Péterwaradin, *le guerrier hongrois n'a pas pu dédaigner tout à fait l'art des celliers, et, ne s'étant jamais endormi ni dans la paix ni dans la guerre, c'est au sommet de ses richesses vinicoles que la Fortune, cette femme caressante quoique aveugle, devait l'atteindre pour le faire* Sommélier! »

« Pour se consoler, le Moldo-Valaque boirait bien son vin sur les lieux; mais, nulle part, le Czar ne le laisse tranquille.

« Aussi, bien que son pays regorge de briques, il ne fait pas de caves, il passe son temps à soupirer sous ses *chênes*; il ne fait pas de douves, non, au lendemain des plus luxuriantes vendanges, il n'hésite pas à confier à d'horribles *Dames-Jeannes* le dépôt de ses inépuisables trésors, et la plupart du temps, dès le mois qui suit, ô fidélité des femmes, les *Dames-Jeannes* le lui rendent aigre, frelaté, impotable! Aussi pendant qu'entre princes allemands on se dispute la couronne d'Empereur, attendu que, dans les perles de Tokay qui s'en échappent, sont de riches joyaux qui leur scintillent amoureusement au cœur, voit-on, chaque année, s'abattre sur les principautés moldo-valaques, une nuée de *Kaiserlichs*, ivrognes et sordides, accourant là pour ingurgiter, à deux sous la bouteille, les vins roumains tels qu'ils se trouvent : trop heureux! ces malheureux sans abri, comme sans palais, de remplacer, en pareille occurrence, par la quantité, la qualité!

« *Voilà*, nous le répétons, *ce qu'il faut absolument changer!..*

« Déjà de nobles et intelligents maréchaux de logis, Bourgui-
gnons, Mâconnais, Francs-Comtois, Charolais, ont éclairé la route !
Dès 1842, un de nos compatriotes, gros marchand de vins à
Bercy, a dépisté la chose ! Frappé de la richesse de ces pays en
vignobles et en forêts, il a songé à faire d'une pierre deux coups,
le *vin et les tonneaux, le contenant et le contenu !*... Mieux que
cela, finissant par découvrir à l'œuvre les richesses inépuisables
en *alcool* de ces vins généreux, le grain précieux et compact de

la douve, le brave M. La Condamine, (c'était son nom), a appelé là
à son aide trois cents ouvriers français. Dans ces riches provinces, ils se sont fait bien vite, ces enfants du travail, une patrie nouvelle. Qui nous dit même, que, dès cette époque, déjà
passés chez nous du règne de la bourgeoisie, ces Gais Compa-
gnons, au sein de ces jeunes nationalités, n'aient été chercher,
pour la France, deux choses qui évidemment commençaient à
lui manquer. « *Des* ESPRITS VIGOUREUX, *des* CAPACITÉS SOLIDES ! »
 « Le marchand de vins de Bercy y a réussi en quelques années ;
et, bien que depuis peu de temps il soit mort, il n'en a pas

moins fait, là, lui, le premier tonneau, la première cave, le premier pressoir, la première bouteille bouchée, cachetée, étiquetée. *Eh! vive l'étiquette :* IN HOC VINO VINCES !... *c'était la sienne!* Aussi, répétons-nous, comme lui, à une armée française entrant, pour la première fois dans ces contrées, depuis le temps des Croisades : IN HOC VINO VINCES!... *faites là du bon vin, buvez-le, et vous vaincrez!* L'empereur Trajan, lui-même (nous nous le sommes laissé dire), n'a conquis *la Moldo-Valachie,* (LA DACIE!) que parce que, fidèle à nos principes, le soldat romain buvait... *buvait...* et si un jour le vin venait à lui manquer, eh bien! *en pareil pays,* en pareil pays, il savait toujours tenir compte de ce sol généreux qu'il foulait aux pieds... à chaque pas qu'il faisait il y puisait, au besoin, de *l'eau Dace,* et la gloire, *à ces audacieux,* ne leur a pas manqué.

« Sous aucun rapport nos intrépides soldats ne voudront rester en arrière!...

« Depuis deux mille ans, d'ailleurs, il est bon que tu leur dises, ami Jean Raisin, que les choses ont remarquablement marché! le plus grand des Roumains qui apparût sur la scène politique et militaire, et qui, après avoir brillé comme administrateur et comme soldat, régnat à la fois sur Tokay, Cotnar et Dragachan, étant roi roumain de la Hongro-Valachie, fut *Mathias Corvino,* OU MATHIEU AU CŒUR DE VIN !

« Combien de nos généraux, officiers, sous-officiers, soldats, enfants du Médoc, de la Bourgogne, de la Champagne, doivent aspirer à faire revivre là les traditions œnophiles de ces généreuses provinces qui virent leurs berceaux!... Les Romains ont laissé partout des cirques, *des aqueducs,* DES CONDUITS D'EAU!... faisons mieux!... entons Clos-Vougeot sur Oltenitza, Château-Laroze en regard de Silistrie, il n'est plus un seul vin valaque qui n'ait conquis le droit de sentir *la pierre à fusil!...*

« Disparaissez barbouilleurs de protocoles moscovites, tristes *greffiers* à gage du Czar soi-disant protecteur; place aux *greffeurs* de la Bourgogne et du Bordelais!...

« Remplaçons UN PROTECTORAT *par un autre!* Le Czar, dit-on, en Moldo-Valachie, passait son temps à *y opprimer* le corps de la noblesse; le corps de la noblesse, par réciprocité, passait le sien à *y pressurer* le paysan; *pour nous,* PRESSONS-Y LES RAISINS!... Refaisons toutes les vieilles gloires des coteaux roumains! on s'intéresse forcément, en politique, à ces pays dont on boit les bons vins! Samos et Ténédos ont plus fait pour conquérir des sympathies à la cause philhellène qu'Épaminondas et Miltiade! Et puis, n'a-t-on pas vu toujours disparaître de l'Europe (*sans que personne songeât à s'en faire le restaurateur?*) ces nations qui, *sur leur carte,* n'offraient pas quelques bons vins à boire?...

« Pour les Moldo-Valaques, comme pour nous-mêmes, attachons, enfin, à des localités vineuses, déjà célèbres, le cachet impérissable *d'amendements de terrains* qui centuplent, là, la valeur de leurs ceps indigènes, et, alors, *j'en jure par ton nom,* AMI JEAN RAISIN! le renom militaire du corps expéditionnaire français de 1854 restera d'autant plus *certain,...* QU'IL SERA CRÛ!...

« Nous terminerons cette argumentation œno-politico-moldo-valaque, déjà trop longue peut-être, par une toute petite anecdote : Un jour qu'au plus fort de ces combats que, *dans un intérêt purement français,* nous avons souvent livrés, le verre en main, contre ces indifférences, ou même contre ces ignorances systématiques, MONARCHIQUES OU RÉPUBLICAINES, qui s'évertuaient à nous soutenir que les nationalités *Serbe, Tschèque, Slovène, Slovaque, Hongroise, Roumaine, Croate, Illyrienne, Monténégrine, Moldo-Valaque,* ÉTAIENT DES MYTHES!... *que la politique de Pétersbourg pouvait impunément régner tout à l'aise* DANS CES MILIEUX PUREMENT IMAGINATIFS! qui prenaient BUCHAREST pour BOUKHARA, *et qui, brouillées avec la géographie comme avec la politique, disaient que le sort du monde ne serait nullement troublé si les Russes entraient ou n'entraient pas, restaient ou ne restaient pas* DANS CETTE CAPITALE DE LA BUCHARIE!... de jeunes patriotes roumains, présents à Paris, nous firent parvenir, vers la fin d'un dîner qui s'y consommait, en compagnie de nos principaux hommes d'État, *les seules bouteilles existant* BOUCHÉES, CACHETÉES, ÉTIQUETÉES, DU FAMEUX CRÛ MOLDAVE DE COTNAR!...

« L'apparition de la question moldo-valaque, *sous cette forme,* dans la salle du festin, dérida, pour la première fois, sur ce grave sujet, l'impassibilité de nos oracles politiques; *ils s'en montrèrent émus,*... mieux encore, ILS Y CRURENT!... et si les flacons de Cotnar n'avaient pas été si vite et si facilement épuisés, il est clair que, *toute affaire cessante,* LA QUESTION, sous cette figure, LES OCCUPERAIT ENCORE!

« Ainsi donc, ami Jean Raisin, il advint un jour que, *faute de bouchons, faute de caves, faute de tonneaux, faute de bouteilles,* un vin chrétien qui rivalisait avec celui de Tokay en rares suavités, en rares parfums, n'étant venu que trop tard éclairer les sympathies, commander l'intelligence de ces orateurs et de ces journalistes qui, se croyant les arbitres des destinées du monde, auraient dû commencer par savoir, d'abord, de quels pays, de quels peuples, se composait le monde!... *la question moldo-valaque, qui n'excitait que leur verve sceptique et moqueuse,* FIT TUER DES MILLIERS D'HOMMES, *et, les hostilités ayant cessé,* LA PAIX FUT ENCORE PLUS DIFFICILE A FAIRE QUE LA GUERRE!

« Tiens, mais, au fait, n'est-ce pas tout simple? ami Jean,
« dira demain, entre deux vins, plus d'un de tes facétieux et
« joyeux lecteurs?... de quoi? de quoi? des vignes riches, abon-
« dantes, et pas de vins!... des vins succulents et pas de bou-
« teilles,... des bouteilles et pas de caves,... des caves et pas
« de tonneaux!... ah! bah! excusez! on comprend et de reste,
« où on allait avec ces PRINCIP'OTÉS!... »

« Réponds-leur, alors, ami Jean, qu'il y a un remède à tant

de maux, c'est que, désormais, à la voix de la France, *les cho-*
ses se passent,... COMME ELLES AURAIENT TOUJOURS DÛ SE PASSER!
Dans ce but,... « *l'Europe doit prendre pour arbitres et laisser*
« *parler* SEULS *les vieux traités de quatre siècles,... les inspira-*
« *tions aussi de la morale, du droit, de la justice,... qui, aidées,*
« *à leur tour,* PAR LA MARCHE DU TEMPS, *mèneront, comme par la*
« *main, à ces solutions vers lesquelles Dieu lui-même veut con-*
« *duire!*

« Ton ami,

« FREYWILLIG,

« Commis-voyageur en vins de Champagne. »

Vertus, le 20 juillet 1834.

Pour copie comforme :

PIERRE BRY.

———

ORGIE DE SAINT-AMANT.

Nous perdons le temps à rimer
Amis ! il ne faut plus chômer.
Voici Bacchus qui nous convie
A mener bien une autre vie.
Laissons là ce fat d'Apollon,
Chions dedans son violon.
Nargue du Parnasse et des Muses,
Elles sont vieilles et camuses !

Morbleu, comme il pleut là dehors,
Faisons pleuvoir dans notre corps
Du vin ; tu l'entends sans le dire ;
Et c'est là le vrai mot pour rire.
Chantons, rions, menons du bruit,
Buvons ici toute la nuit,
Tant que demain la belle aurore
Nous trouve tous à table encore.

Loin de nous sommeil et repos,
Boissat, lorsque nos pauvres os
Seront enfermés dans la tombe
Par la mort sous qui tout succombe,
Et qui nous poursuit au galop,
Là, nous ne dormirons que trop.
Prenons de ce doux jus de vigne.
Je vois *Foret* qui se rend digne
De porter ce dieu dans son sein,
Et j'approuve fort son dessein.
Bacchus qui voit notre débauche,
Par ton saint portrait que j'ébauche,.
En m'enluminant le museau
De ce trait que je bois sans eau,
Par ta couronne de lierre,
Par la splendeur de ce grand verre,
Par ton thyrse tant redouté,
Par ton éternelle santé,
Par l'honneur de tes belles fêtes,
Par tes innombrables conquêtes,
Par les coups non donnés, mais bus,
Par tes glorieux attributs,
Par les hurlements des Minades,
Par le haut goût des Carbonnades,
Par tes couleurs blanc et clairet,
Par le plus fameux cabaret,
Par le doux chant de tes orgies,
Par l'éclat des trognes rougies,
Par la table ouverte à tout venant,
Par le bon carême-prenant,
Par les fins mots de ta cabale,
Par le tambour et la cymbale,
Par tes cloches qui sont des pots,
Par tes soupirs qui sont des rots,
Par tes hauts et sacrés mystères,
Par tes furieuses panthères,
Par ce lien si frais et si doux,
Par ton bouc paillard comme nous,
Par ta grosse garce Ariane,
Par le vieillard monté sur l'âne,

Par les Satyres tes cousins,
Par la fleur de tes beaux raisins,
Par les bisques si renommées,
Par les langues de bœuf fumées,
Par ce tabac, ton seul encens,
Par tous les plaisirs innocents,
Par ce jambon couvert d'épices,
Par ce long pendant de saucisses,
Par la majesté de ce broc,
Par masse, toppe, cric et croc,
Par cette olive que je mange,
Par ce gai passe-port d'orange,
Par ce vieux fromage pourri,
Bref, par *Gillot* fin favori,
Reçois-nous dans l'heureuse troupe
Des francs chevaliers de la coupe,
Et, póur te montrer tout divin,
Ne la laisse jamais sans vin.

LE BON VIEUX TEMPS.

On dressait près du feu la grande table ronde,
Et les brocs circulant on versait à la ronde :
Le père, les enfants, les amis, les voisins,
C'était à qui mieux mieux fêterait les raisins.
On n'entendait partout (l'esprit vient après boire),
Que propos guillerets, que chansons à Grégoire.
Ce n'était que *flons flons* et que joyeux *glous glous* :
Ma foi, nos bons aïeux valaient bien mieux que nous!
Des bourgeons sur le nez, et le front peu sévère,
Comme ils fraternisaient quand ils choquaient leur verre.
Les plus vieux se sentaient rajeunis de vingt ans;
Alors on était gai : c'était le bon vieux temps.

Le pauvre Dieu Bacchus est maintenant sans gloire.
Je le dis à regret, nous ne savons plus boire.
Nous buvons froidement, et sans nous mettre en train ;
— Nous avons soif, ou bien nous avons du chagrin.
Et, voulant endormir quelque douleur aiguë,
On boit du vin tout comme on boirait la ciguë.

Revenez, bon vieux temps, larges brocs, francs buveurs ?
Que les nez bourgeonnés fassent honte aux rêveurs,
C'est l'automne : voici les pampres et les treilles,
Les tonneaux, les chansons et les faces vermeilles.
Au fond d'un broc, laissons gaiment notre raison ;
Pour les bons cœurs, jamais le vin n'est un poison.

Adèle Esquiros.

TRAITÉ DE LA VIGNE.

(Suite[1].)

De la plantation.

Dans les terres fortes, il n'y faut planter que des morillons ou pineaux noirs, et y mêler des tresseaux ; il est vrai que celui-ci ne parvient pas à son degré de perfection, quelque chaleur qui puisse survenir, parce qu'il lui manque toujours quelque chose d'essentiel pour faire un raisin capable de donner un vin délicat. La raison pour laquelle on mêle aux pineaux des tresseaux qui mûrissent difficilement, c'est que ceux-là ne peuvent faire d'eux-mêmes un vin qui ait assez de corps ; il est nécessaire d'y joindre des tresseaux pour donner du corps au vin.

Dans les terres légères et les sables légers, mais un peu substantiels, on doit planter des tresseaux, des morillons façonnés,

1. Voir l'Almanach de l'an premier.

autrement dits *meuniers*. Dans les gros sables, il convient de planter le melier. Les sables, quoique naturellement plus chauds que les terres fortes, ne donnent pas de si bons vins, parce que leurs sels, n'ayant rien que de très-commun, ne procurent à ces raisins qu'une liqueur fade et bien moins sucrée que celle des terres fortes. Dans les terres pierreuses dont le fond est jaunâtre ou brun, le pineau et le tresseau sont les plus propres, le meunier y convient aussi. La terre pierreuse est préférable à toute autre, parce qu'elle rend le vin plus fin et plus délicat, et que le fruit y mûrit de bonne heure.

La terre douce et légère, plus sèche qu'humide, mélangée de petits cailloux, et même de pierres à fusil, est la plus propre à planter la vigne.

Les terres mélangées de petites pierres blanches, dont le fond est jaunâtre ou brun, sont avantageuses en ce que la vigne y réussit bien et que le vin y est très-délicat. Une terre légère donne au vin de la finesse; une terre mêlée de cailloux et de pierres à fusil lui donne de la vivacité.

La vigne aime les pentes de coteaux, le soleil oblique, long et direct, la température douce et continue. Les cimes de montagnes sont trop refroidies par le vent et les eaux; le vin peut y être abondant à cause des irrigations, mais la qualité y perd.

La vigne s'accommode encore d'un terrain mêlé de sable et de terre, mais non d'un sable maigre, sec et trop léger, qui ne nourrit pas la racine et même la brûle. La terre grasse va mieux au blé qu'à la vigne. La moyenne lui est propre, surtout la noire. La terre pierreuse, dont le caillou est terreux sans être sec, lui convient. Pas de terrains plats et bas. Nous donnerons à la fin de l'article *Culture* un aperçu plus développé sur la température générale qui convient à la vigne.

Allons, quelle que soit la terre, il faut la cultiver et cela est vrai, surtout de la vigne. En avant houes, binettes, crochets, serpes et sécateurs, avec les échalas et l'osier! Il faut planter, tailler, biner, cartayer, provigner, greffer, lier, rogner, ébourgeonner, marcotter aux chevelées, amender tant de terre que de fumier, détruire les insectes, puis conjurer au printemps la gelée blanche et en été la grêle : cela dit en riant.

La vigne se plante en quinconce à trois pieds de distance, en marcottes à panier ou à gazon; à deux pieds de distance, en crossettes, en ayant soin de mettre dans un trou deux crossettes, l'une couchée vers la main droite, l'autre vers la gauche.

Un vigneron qui veut faire un nouveau plant doit voir si la terre est déjà plantée en vigne, si elle a reçu de l'amendement, si elle est naturellement grasse, et dans ce cas il la doit labourer à un pied de profondeur au moins, et la couvrir d'un demi-pied de terre légère ou sable pris dans un lieu sec, sur la superficie du terrain; donner un second labour pour mélanger, semer ensuite de l'orge ou du sarrazin pour la dégraisser et la rendre proportionnée à la délicatesse du jeune plant qui trouverait sa ruine dans une terre trop nourrissante. Enfin, il doit planter son jeune plant au mois de novembre suivant.

Sitôt qu'une vieille vigne est arrachée, on peut à la rigueur replanter l'année suivante, à moins que la terre ne soit très-grasse et substantielle. En labourant le champ, semant au printemps de la vesce ou de grosses fèves, le plus épais possible; quand elles commencent à mûrir, il faut enfouir cette terre et les y enterrer. Ce fumier végétal est le meilleur qui se puisse trouver à cet effet.

Si le terrain n'a jamais été planté en vigne, il faut motter la terre, pour lui laisser passer au moins un hiver en cet état et la découvrir au vent de bise, pour l'attirer à pourriture.

Quand on aura fait le choix d'un terrain propre à la vigne, il faut choisir le plant qui aura crû dans un terrain de même nature, de même climat, de même exposition, et avant de déraciner le plant de la mère-vigne ou le lever de terre, avoir attention de marquer sur l'écorce son midi et son nord pour le mettre en terre dans la même situation. Quand la terre est grasse, on serre le plant davantage.

Il y a de l'inconvénient à planter à la cheville. Si le brin que vous piquez ainsi a un peu de racines, elles y sont froissées, elles ne peuvent s'étendre en largeur, et il est à craindre que la terre n'en remplisse pas bien les intervalles : ce qui les fait périr.

La façon de planter la vigne est tout à fait différente de celle des arbres, en ce qu'elle veut être plantée en talus pour faciliter le rabaissement en terre du brin qu'on voudra provigner. Un arbre une fois planté ne change plus de situation. On n'est pas obligé d'en rajeunir la souche au moyen du ravalement et du provin; au lieu que la vigne demande à l'être souvent. Un plant piqué droit en terre, et qu'on voudrait ravaler ou provigner, demanderait à être plié, non-seulement en quart de cercle, mais en équerre, ce qui arrêterait, ou du moins altérerait la végétation.

D'aucuns prétendent qu'il est bon de la planter au printemps quand souffle le vent d'ouest; d'autres la plantent aussitôt vendanges faites, quand elle est dépouillée de ses feuilles; mais l'expérience indique l'automne comme la meilleure saison, surtout pour les terres sèches et légères. Alors le sarment, déchargé de ses branches et de ses feuilles, reprend ses forces et s'unit plus intimement à la terre qui nourrit les racines et leur donne un plus prompt accroissement. Les pluies d'hiver suppléent au besoin aux arrosements du printemps qui seraient impossibles ou difficiles dans un grand vignoble. En plantant en automne il y a beaucoup de plants et de temps à gagner.

La durée de la vigne est en raison de sa qualité, de la qualité de la terre et du climat. La vigne blanche dure plus que la noire. Elle dure plus dans les terres fortes que dans les terres sèches et légères, et plus, enfin, dans les vignobles du nord que dans ceux du midi.

Un vigneron, curieux de connaître l'âge d'une vigne, a soin, en l'arrachant, d'en déchausser les racines dans toute leur longueur sans les couper ni casser. Il juge de l'âge à chacun des rabaissements qui y sont toujours marqués, ainsi qu'à la taille de chaque année sur le bois extérieur de la vigne élevée en espalier. On a trouvé des racines de cent pieds dans les montagnes de Reims, ce qui supposait cent quarante ans au moins. Les vignes rabaissées chaque année durent plus que celles taillées sur la souche, comme dans les vignobles de la Marne. Cependant, quand la vigne a atteint l'âge de soixante ans elle doit passer pour vieille et usée; elle produit, à la vérité, un vin plus fin et plus délicat que la jeune, mais en bien moindre quantité.

De l'engrais.

A propos de la quantité qui ne s'obtient que par l'excès de l'engrais. C'est ici que l'abus est à craindre, puisqu'il est prouvé par l'expérience que la spéculation, en voulant agir sur la quantité, a détérioré le goût et la couleur des bons crûs. Insistons vivement sur ce point, depuis plusieurs années surtout que la maladie de la vigne a fait réfléchir les cultivateurs, et vient comme un avertissement, les rappeler à la tradition, par un châtiment naturel. Maître Joigneaux nous le disait en nous montrant ses feuilles de vigne malade et son raisin dépéri : « Ce qui a été fumé a été atteint d'abord, le reste ne l'a été ensuite que par contagion. »

Donnons donc, autant que possible, la préférence au labour sur l'excès de fumier, et au fumier végétal sur le fumier animal. Dans l'usage du fumier, imitons ces vignerons expérimentés qui ont une fosse au bord de leur vigne, qu'ils recouvrent incessamment par couches de terre, le mêlent aussi et en font un terreau moins dangereux au cep. Le conseil moral que nous venons de donner, qui touche à notre honneur national, à la vieille réputation de nos vins, vaut mieux que tous les détails pratiques dont chacun est suffisamment pourvu, nous le répétons une dernière fois avec regret, ce n'est pas l'usage du fumier qui manque. Dans tous les cas, il est inutile de rappeler que, parmi les fumiers, les uns sont gras et rafraîchissants, les autres sont chauds et légers. Les premiers sont ceux de vache, de bœuf ou de pourceau, les autres sont ceux de pigeon, de mouton, de cheval, de mulet et de poule. Comme on doit opposer le remède au mal, il faut des fumiers chauds et légers dans les terres humides, froides et pesantes, afin de les rendre un peu plus légères et plus meubles ; il en faut de gras et de rafraîchissants dans les terres maigres, sèches et légères, afin de les rendre un peu plus grasses et matérielles ou substantielles, et, par ce moyen, empêcher que le hâle du printemps et les chaleurs de l'été ne les altèrent. On recommande pour la poussière des grandes routes, les fumiers de boucher et les détritus végétaux.

On fume la vigne en novembre, quand l'automne n'est pas pluvieux, parce qu'alors le fumier couvrant la terre, forme une glace nuisible au cep. Pour lors, il vaut mieux attendre à février pour fumer la vigne ; d'autres attendent jusqu'en mars, ce qui est dangereux en ce qu'il est à craindre que la vigne ne gèle quand le bouton commence à éclore.

On est dans l'usage de terrer les vignes pour renouveler la force de la terre. La terre grasse donne la quantité, la terre sèche et légère donne la qualité ; il ne faut pas trop rapprocher les hottées, de peur de charger la racine et de la priver d'air, la règle doit être un pied de distance entre chaque hottée, quand on serre tous les vingt ans ; une terrure plus forte changerait la nature de la vigne, ôterait au vin la finesse. Mieux vaudrait terrer tous les dix ans à deux pieds de distance. Avant de répandre la nouvelle terre, il faut à la vigne un labour profond. Ne point terrer ni fumer quand la terre est couverte de neige ou de verglas. Il faut attendre la fonte, sans cela il s'ensuivrait, pour le plant, la jaunisse infaillible. Il faut moins terrer en bas qu'en haut du coteau, cela se comprend.

De la coupe de la vigne.

Il faut tailler la vigne pour quatre raisons : 1° afin de lui faire pousser de fort bois, sans cela, elle ne porterait pas de fruit; 2° pour empêcher qu'elle ne porte trop de fruit, ce qu'elle ferait si on ne retranchait pas une partie de ses flèches; 3° pour que le raisin mûrisse, car il est très-connu et très-certain que le raisin d'une vigne qui n'a pas été taillée mûrit bien plus tard et quelquefois ne mûrit point; 4° pour lui faire produire de nouveaux rejetons au-dessous de la tête, la renouveler et la rajeunir par cette opération, sans quoi la sève monterait toujours et exhausserait la vigne; ce qui, d'une part, diminue la bonne qualité de vin, et, de l'autre, perd et détruit la vigne.

Avant de tailler la vigne et sans la déchausser, afin de découvrir les petites racines qui naissent ordinairement pendant l'été à l'extrémité des souches, vers la superficie de la terre et de les couper, parce que, non-seulement les petites et inutiles racines absorbent une partie des sels et de la substance de la terre, mais qu'elles empêchent les maîtresses racines plus profondes d'en produire de nouvelles, et de fournir de la sève suffisamment pour nourrir le cep, parce qu'au labour, le vigneron court risque de couper avec la houe les petites racines de la souche dont il pouvait conserver les plus fortes, au défaut de celles que les maîtresses racines auraient dû produire, ou que le froid peut les geler, comme l'été les brûler, ce qui ferait périr le cep.

Le temps le plus convenable pour déchausser est, aussitôt la chute des feuilles, avant que les froids se fassent sentir.

Pour déchausser une vigne, il faut faire autour du cep avec la houe une petite fosse, couper tout ce qui croît autour de la souche, depuis la superficie de la terre jusqu'à un demi-pied au moins de profondeur. On laisse les pieds déchaussés un certain temps, puis on recouvre de terreau ou fumier bien consommé.

A cause de la différence de la direction des rameaux et de celle de la racine, on coupe le chevelu de haut en bas, comme on taille les branches de bas en haut. Il faut couper les racines à un travers de doigt près du tronc, et ne pas endommager la souche.

Après, il faut ébourgeonner, c'est-à-dire lever avec l'ongle non-seulement les petits yeux qui sortent de la souche et de ses rejetons, mais encore ceux qu'on juge inutiles sur le bois de l'année dernière, comme les premiers yeux qui naissent sur le bois à l'approche de la souche, qui produisent rarement du fruit, et ne peuvent servir à donner un beau bois pour l'année suivante. Cette façon d'ébourgeonnement doit se faire aussitôt le déchaussement, dans le temps où les yeux sont encore couverts de bourre.

Autrefois, dans les vignobles de la rivière de Marne, où ne laissait que quatre ou cinq yeux, afin qu'ils se fortifiassent; les raisins prenaient plus de qualité et faisaient de meilleurs vins. Cette opération, qui produit bien davantage et de plus beau fruit, demande malheureusement beaucoup de soins au vigneron; c'est à lui de juger s'il doit s'en dispenser. Les bourgeons au même œil viennent doubles, mais ils ne sont pas égaux en grosseur et en vigueur; celui de dessous est plus faible et se développe le dernier. Il serait donc utile au premier d'arracher le second. Ce qui retient, c'est que si une gelée inopinée perd ce dernier bourgeon, que son état actuel rend fort délicat, on espère que le second bourgeon, qui a résisté à la gelée attendu qu'il était encore fermé, sera une ressource pour donner du vin. A la vérité, ce vin sera moins bon que celui qu'aurait donné le premier bourgeon, mais après le danger passé, on ferait fort bien d'arracher le second.

La question exigeait qu'on eût pour la taille de la vigne la même considération que pour celle des arbres fruitiers, soit pour le temps, soit pour l'usage; par conséquent, examiner deux choses, la première, la vigueur du cep à tailler, la seconde, la grosseur de chaque branche; on peut y ajouter la qualité de la terre.

On doit charger les ceps qui ont beaucoup de gros bois, c'est-à-dire qu'il faut leur laisser deux drageons ou victes, et deux coursons; au contraire, on ne doit laisser qu'un drageon et un courson au plus aux ceps qui ont poussé avec plus de vigueur.

Si on leur en donnait davantage ils seraient en danger de périr, ou du moins ils pousseraient de si faibles brins, qu'il faudrait l'année suivante les couper sur la souche.

Si au contraire on ne donnait pas assez de charge à la vigne vigoureuse, elle pousserait beaucoup de bois et point de fruits. Si la terre est extrêmement maigre et le bois faible, on ne doit laisser qu'un drageon, et à ce drageon que deux ou trois boutons au plus pour contraindre la séve de fournir des jets un peu forts. Si la terre a de la substance et que le cep soit vigoureux, on doit leur laisser deux drageons, et sur chacun au moins quatre boutons, pour affaiblir l'action de la séve et l'empêcher de jeter trop de bois.

La Quintinie conseille de commencer cette taille par un sujet faible et languissant, et de le tailler court, de continuer par les forts et de les tailler plus longs.

La taille de la vigne en deux reprises serait bien avantageuse, mais difficile dans le vignoble; elle ne pourrait guère s'observer que pour les vignes de jardin. Il convient de tailler l'extrémité de chaque brin de ceps de vigne en pied de biche, ou bec de plume; de façon cependant que le talus de la plaie ne soit pas trop roide et que l'œil qui en est proche n'en soit pas endommagé ni éventé, mais seulement que l'eau n'y séjourne pas. Il ne faut pas la tailler en travers, c'est-à-dire horizontalement, comme j'ai vu moi-même que cela se pratique dans le terroir d'Épernay, sur la rivière de Marne et autres terroirs circonvoisins en Champagne. Il faut laisser près d'un pouce de bois entre l'œil et la taille, pour garantir le bois du mal que ferait à la plaie la gelée qui peut survenir. Columelle, Damogeron et autres auteurs sont d'avis, quand on taille la vigne, que la coupe soit faite du côté du midi et non de celui du septentrion, il est bien certain que c'est le mieux : mais comme ils exigent avec raison que la coupe se fasse du côté opposé au dernier œil, afin d'empêcher que les larmes du cep qui sortent de l'endroit coupé quand la séve commence à monter, ne coulent sur cet œil qui en serait noyé; il faudrait, dans le cas que cet œil regardât le midi, laisser un œil de plus, ou couper à un œil plus bas. Un vigneron doit savoir qu'au bois de la vigne les boutons se trouvent toujours placés alternativement d'un côté opposé à l'autre. À l'examen de la force et de la vigueur du cep, il jugera du parti qu'il aura à prendre.

Pour bien tailler les vignes, il faut avoir égard à leur âge et à la manière dont elles sont formées et façonnées. La gelée qui survient à la vigne avant qu'elle ne soit cicatrisée à la plaie que fait la serpette lui est très-nuisible : c'est un danger que court cette plante quand elle est taillée à la fin de l'automne, parce qu'il arrive souvent de fortes gelées dans ce temps-là.

Les vignes dans les terres grasses sont moins sujettes à la gelée que dans les sablonneuses. Les cépages qui ont beaucoup de moelle sont plus sujets à la gelée que ceux qui en ont peu. Si on a la possibilité de tailler mi-partie automne, mi-printemps, il vaut mieux réserver les cépages blancs pour le printemps et commencer par le rouge. La taille au printemps est en tous points préférable pour les plants tendres. Au printemps il y a déperdition de séve ; à l'automne on craint la gelée.

Il faut toujours tenir les vignes le plus basses possibles en égard à leur espèce.

La règle générale en Guïenne est de choisir sur le cep les branches les plus basses pour les tailler ; on en excepte les vignes hautes des treilles ou des hautains, car on y taille les branches les plus hautes ; mais en Champagne le brin le plus élevé étant le plus vigoureux et le plus nourri, est celui qu'on doit conserver et tailler. On voit que l'usage varie avec l'espèce, le lieu, la terre, et que l'intelligence du vigneron doit suppléer à la connaissance détaillée de chaque circonstance.

Une vigne à laquelle on laisse annuellement les astes fort longues, donne plus de vin quand les années sont abondantes ; mais dans une année médiocre elle en donne moins que celle qu'on taille court.

Un jet sorti de la souche doit être considéré comme faux bois et coupé jusqu'à la souche, à moins qu'on ne juge par la faiblesse de la victe qu'on en aura besoin l'année suivante.

Le jet de la souche ne portera pas de fruit l'année même de la taille : mais il en donnera la suivante surtout si c'est une vigne blanche qui est plus féconde que la noire, c'est pourquoi on peut lui laisser deux yeux de plus. Le morillon noir, quoique d'espèce noire, a le même avantage et se trouve dans le même cas.

On taillera le jet à huit ou dix pouces de longueur ; on lui laissera cinq à six yeux, lesquels produiront l'année même deux belles victes dont on en laissera une à la taille suivante, et le courson en produira deux autres et trois ou quatre raisins.

A l'égard des vignes hautes, on doit les tailler un peu plus longues, et par conséquent leur laisser trois ou quatre yeux de plus et même deux victes et deux ou trois coursons, une desquelles victes on pourra plier en anneau pour en tirer plus de fruits; cela n'altérera pas le cep pourvu qu'il soit bien nourri.

L'an prochain, comme suite à ce traité de la vigne, nous traiterons du labour, de la façon de provigner, de la greffe, des feuilles, de la fleur, de l'échalas et de la rognerie. Nous donnerons également le tableau des différentes espèces de vins français et étrangers, en les classant d'après les propriétés les plus remarquables.

BLANCHET, de Marsy (Nièvre),
Vigneron du clos Pessin.

Pour copie conforme :
PIERRE BRY.

REVIENS, SOLEIL !

Reviens ! soleil, la nature t'appelle,
Viens au raisin donner le teint vermeil ;
Chasse la bise et la pluie et la grêle ;
Reviens à nous, reviens, soleil.

Le blé grandit, mais l'épi reste vide,
L'oiseau se tait sous le feuillage en pleurs,
L'eau du ruisseau ne coule plus limpide,
Et tout languit, les arbres et les fleurs.

Parais, soleil, et la terre engourdie
Sous tes baisers bientôt se détendra ;
Tes flancs de feu portent l'amour, la vie,
Parais, soleil, et tout s'animera.

Pour toi le pauvre entr'ouvre sa fenêtre ;
Sans toi qui donc égaîra son réveil ?
Sans toi demain il jeûnera peut-être,
Pour lui, surtout, reviens vite, soleil.

Villes, déserts, montagnes et vallées,
Mousses, rochers, insectes, papillons
Poussaient au ciel leurs plaintes désolées,
Quand du soleil brillèrent les rayons.

Versant sur tous, plaisirs, amours, ivresses !
L'homme et l'oiseau reprirent leurs chansons.
Merci, soleil, tes ardentes caresses
Vont féconder vendanges et moissons.

CHARLES VINCENT,
Patron des vignerons.

HISTOIRE VÉRIDIQUE

DU

DIEU DU VIN.

Quels bons diables de dieux que ces dieux des païens! Dans leurs théologies, pas de mystères, ils laissaient cela aux charlatans; dans leur culte, peu de grands prêtres, pas de sermons, double profit pour la bourse et l'esprit; mais en compensation comme ils prêchaient d'exemple, compatissant aux faiblesses humaines jusqu'à les partager; aussi comme on les aimait! nous aimons tous les pécheurs. Chez eux pas d'éternelles rancunes, ce n'était pas pour des pommes qu'ils armaient leur colère. Si parfois Jupiter tonne, c'est toujours contre les tyrans; quelle différence! Bon Jupin! N'allez pas croire au moins qu'il fut toujours tonnant, pas si Dieu; bien au contraire, sitôt qu'il faisait beau on était sûr de le rencontrer ici-bas séduisant quelque jeune épouse, ou jeune fille, revêtant à cette fin toutes les formes, usant de tous les moyens imaginables; se faisant tour à tour aigle, génisse ou pluie d'or, selon que la belle aimait le génie, les champs ou les écus. Quel épouseur! sept femmes légitimes sans compter les maîtresses, cinquante enfants dont on sait encore les noms, sans compter ceux qu'il n'a ni connus, ni reconnus, sans compter ceux qu'il a faits depuis; car, n'en déplaise aux concurrents, rien ne nous prouve qu'il soit mort.

C'était surtout en Grèce, la serre chaude des jolies femmes, que le père des dieux et des hommes descendait plus volontiers. Il n'était pas de ces élèves de la nature qui ne s'éprennent que des grosses filles aux pieds nus et crottés, une jolie sandale artistement attachée ébranlait tout son être; aussi le voyait-on souvent s'introduire dans les maisons princières.

Un jour donc qu'il rôdait autour du palais du roi Cadmus, il aperçoit une charmante enfant, c'était la jeune Sémélé; la fille même du monarque. En physiologiste habile, d'un coup-d'œil il devine ses goûts ; vite il se pare en dandy, parfume son mouchoir et ses gants, et, souriant des dents, tête haute et vide, il se présente, il plaît. Du premier jet, le cœur de la belle enfant était pris comme un poisson dans la nasse.

Mais on peut être émue sans se rendre, le sang parle, or elle était princesse, les convenances avant tout : si c'allait être un homme de rien, se dit-elle, ce serait affreux. Cependant l'élégant persiste, là serre de plus près, décline ses titres, c'est Jupiter lui-même ! Comment résister à un dieu quand tant d'autres succombent si souvent à moins ; bref Sémélé se rend, son amant l'entraîne à l'écart, la voilà mère.

Le bruit, comme bien on pense, s'en répandit bientôt dans toutes les rues de Thèbes ; alors toutes les vieilles de lui jeter le blâme, toutes les jeunes de se mordre les lèvres ; mais elle, loin de rougir de ce que les bigotes du temps appelaient sa faute, s'en faisait gloire : « Je suis, répétait-elle à qui voulait l'entendre, je suis la préférée du maître des dieux, » et, ce disant, elle relevait avec orgueil sa belle tête d'amante. C'était un tort, il ne faut pas mordre à belles dents devant un affamé. Elle fit tant et si bien que Junon, l'épouse légitime de Jupiter, eut vent de l'aventure : « Je m'en vengerai ! » s'écria-t-elle, et la voilà qui roule dans sa tête de femme le moyen le plus prompt d'exterminer sa rivale. Elle aimait, le moyen fut bientôt trouvé. Sémélé avait encore sa nourrice, la vieille Borohé : Junon revêt le costume, le visage, la voix de la bonne femme, et, tirant la petite à l'écart : « Tu crois que ce beau monsieur est Jupiter ? — Il me l'a juré. — Moi, je n'en crois rien, c'est quelque intrigant qui t'a trompée. — Ah ! mon Dieu, mais vous m'effrayez, c'est impossible, il a de si bonnes manières ! — Il y a un moyen bien simple de t'en convaincre, mon enfant, s'il est vraiment le maître du ciel, dis-lui de t'apparaître dans toute sa splendeur divine. » La jeune fille ne demandait pas mieux, on aime tant à pouvoir être toujours plus fière de ceux qu'on aime, à revoir un amant toujours plus beau ! Qui fut dit, fut fait.

Le lendemain même, notez qu'il y avait déjà sept mois que le séducteur poursuivait assidûment sa cour, c'est de bon exemple pour un dieu ; le lendemain donc il se présente comme d'habitude, il veut caresser sa maîtresse, mais elle l'arrête de sa jolie main blanche, et, fixant sur lui ses grands yeux bleus et tristes : « On dit que vous m'avez trompée, que vous n'êtes pas Jupiter !

— Quelle folie! je te le jure. — Bien vrai? — Bien vrai. — Eh bien! alors, jurez-moi de faire ce que je vais vous demander; et ce disant, elle lui présente à baiser sa bouche amoureuse. — Oui, mon ange, je te le jure, lui répond en la serrant contre son cœur, l'amant éperdu de désir. — Eh bien! apparais-moi dans toute la majesté du maître du tonnerre. — Imprudente! s'écrie-t-il, car déjà il prévoit quel malheur la menace.» Mais il n'y avait pas moyen de reculer, il avait juré, or il n'y a que les dieux qui ne violent pas leurs serments. Le voilà donc qui se transfigure tout à coup, ses mains sont armées de la foudre, de ses yeux jaillissent des éclairs, des torrents de lumière et de flammes ruissellent autour de lui; mais le palais s'embrase, l'incendie va tout dévorer, la jeune fille tombe suffoquée, elle va mourir. « Ah! mon Dieu, que deviendra l'enfant! » se dit le père? Pourtant il ne perd pas la tête, ne fait ni une ni deux, le retire du sein de sa mère expirante et vous le fourre dans sa cuisse. Pourquoi pas, puisque c'est un dieu? je connais de fausses divinités qui en ont fait bien d'autres. Deux mois après sonnait l'expiration de l'enfantement, et la cuisse de Jupiter accouchait d'un nouveau dieu, c'était le nôtre, le dieu Bacchus, ainsi nommé parce qu'il vint au monde en chantant, les mauvaises langues disent en hurlant.

Jupiter était bon père, en cela encore il prêchait d'exemple, il n'abandonna pas son bâtard; pour le soustraire à la fureur de Junon, il le confia à Mercure qui le porta au vieux Silène, à Nisa, dans l'Arabie heureuse, auprès du mont Mervé. Silène se chargea de l'instruction de l'enfant, les jolies filles d'Atlas se chargèrent des autres soins. J'en sais qui rient sous cape de cette éducation dirigée par le patron des buveurs. Mais c'est à tort. Silène aimait à boire, c'est vrai; il lui arrivait parfois de s'oublier, de prendre un peu plus que sa charge, c'est vrai encore, de se laisser, dans son ivresse, barbouiller le visage par quelque nymphe égrillarde, nous ne le nions pas; de s'endormir en ronflant sur un âne, la panse bondissante et l'estomac cuvant, nous l'avouons sans rougir, car qu'est-ce que tout cela prouve? Ne saurait-on aimer le vin et être bon précepteur? S'il buvait un peu trop, c'est qu'il se portait bien; si les jeunes filles lui faisaient des niches, c'est qu'il était aimable, appétissant et bon vivant; on dit qu'il dormait sur son âne, et moi je crois qu'il méditait, que l'âne ici n'est qu'un symbole, et je le prouve.

Il est de science certaine que le bon Silène, dont on a fait de si grotesques enseignes, n'était rien moins qu'un des plus profonds philosophes de son temps, un philosophe de la secte d'Epicure, cette secte aimable que tout le monde suit, que personne n'avoue. On sait assez, en outre, que, de tout temps, sans en excepter le nôtre, l'âne aux pas lents, graves et assurés, est le représentant le plus fidèle de nos philosophes à la démarche lente, grave et assurée aussi, d'où je conclus que Silène, notre patron..... Mais, lecteurs, voilà bien longtemps que je parle, si nous vidions un verre en l'honneur du dieu dont je vais rappeler les hauts faits.

A quinze ans Bacchus était un fort gaillard, à large poitrine. au teint frais, beau garçon s'il en fut, sans un poil au menton, Il y a plus, on prétend même qu'il n'eut jamais de barbe, preuve évidente qu'il ne vieillit jamais; or, à quoi devait-il ce précieux don? Évidemment encore au jus de la treille dont l'avait allaité Silène; d'où Rabelais a tiré *à fortiori* cet axiome : « buvons toujours, nous ne mourrons jamais : » c'est logique. Je passe sur mille petits traits de son enfance qui composeraient à eux seuls la biographie d'un héros. Tout le monde en raffolait, mais savez-vous pourquoi? car les hommes sont si intéressés qu'il faut toujours chercher dans ce honteux repli de leurs cœurs les motifs de leur enthousiasme, c'est, qu'entraînés par ses goûts à des recherches analogues, il avait inventé l'art de propager la vigne, c'est que depuis lors tout le monde pouvait boire.

Le vin rend le cœur généreux, l'inventeur ne prit donc pas de brevet, et, pour faire partager aux hommes les bienfaits de son heureuse découverte, il résolut de parcourir le monde entier. A cet effet il s'entoure d'une foule innombrable de prosélytes, et tous, couronnés de lierres, symbole de la jeunesse éternelle, du bonheur sans fin, chantant des hymnes en l'honneur de la vigne, les voilà partis pour la conquête de l'Asie : conquête comme on n'en avait point encore vu, comme on n'en vit jamais depuis, conquête où empereur et soldats portaient pour arme un thyrse, une simple baguette ornée de pampres et de lierres. Ce voyage dura trois ans, le conquérant pénétra jusqu'au Gange. Ici, je vous le demande en conscience, qui fut le plus grand, de notre Bacchus ou du Dieu des armées?

Il fallait voir comme on le reçut à son retour en Grèce; c'est alors qu'unanimement il fut reconnu et acclamé dieu du vin. Alors aussi, pour le qualifier, on imagina mille noms nouveaux dont les uns rappelaient quelque trait de sa vie ou quelque qualité inhérente à son influence. Les uns l'appelèrent Bimeter, l'enfant à deux mères; les autres Dionysius, en l'honneur de la ville où il fut élevé; ceux-ci Liber, parce que le vin fait parler librement; ceux-là Bromius, comme qui dirait le tapageur; ici on le surnommait Lycus parce qu'il délie l'esprit des buveurs; là Lénéen, c'est-à-dire dieu des pressoirs; les Latins lui avaient donné le nom de Biformis, voulant indiquer par là qu'il rend les uns tristes, les autres gais. On l'honora de bien d'autres surnoms encore; quand les hommes sont en veine de reconnaissance, ce ne sont pas les mots qui leur manquent.

Pour immortaliser la gloire du nouveau dieu, les Grecs imaginèrent aussi des fêtes de toutes sortes; les Triétérides qui se célébraient tous les trois ans en souvenir de la durée de sa conquête; en outre, à la fin de chaque automne, et plus tard cinq fois l'année, il y avait, en l'honneur de Bacchus, grande solennité à Athènes; ces jours-là, exclusivement, les poëtes concouraient pour les différents prix de poésie; c'était assez dire que le vin est la source de l'inspiration; c'était livrer le secret de l'art.

On s'est beaucoup récrié contre les Orgies, autres fêtes bachiques, de ce qu'elles étaient publiques, mais ce sont les seules qui se soient perpétuées jusqu'à nos jours; sont-elles plus édifiantes pour être plus secrètes? Voyez ce qu'on faisait alors et comparez. On portait religieusement en procession une cruche de vin et une branche de sarment; suivaient des femmes qui, le sein nu, les cheveux épars, couraient de tous côtés en chantant : « Evohé, Evohé, courage, courage; » à leur suite s'entassait une mascarade d'hommes déguisés en satyres, en faunes, en silènes, tous montés sur des ânes, j'allais dire sur des philosophes. On s'arrêtait à des reposoirs ornés de ceps de vigne et de pampres; là on entonnait des dithyrambes, espèces d'hymnes en l'honneur du dieu; sur les autels fumaient les parfums de toutes sortes; le cortége était fermé par les bacchantes, prêtresses de Bacchus, portant torches allumées, tambours et autres instruments. Après avoir parcouru et purifié toutes les rues d'Athènes, on revenait au temple du dieu. Là on immolait une pie, symbole du vin qui fait jaser, et un bouc, animal sacrilége qui dévore au printemps les bourgeons de la vigne. Alors seulement on fermait les portes, on se livrait à de larges libations, ces dames perdaient contenance et vous devinez le reste. Les Orgies passèrent de Grèce à Rome où, en 568, le sénat, alarmé dans sa pudeur officielle, les défendit. Depuis elles se sont perpétuées chez les sénateurs et ailleurs, mais jamais avouées; et la morale fut sauvée, grâce aux progrès de la civilisation.

Mais n'allez pas conclure des Bacchanales que Bacchus fût un dévergondé; on l'en accusa comme on en accuse encore les buveurs, rien n'est plus faux et j'en ai la preuve historique. Il revenait des Indes, quand, dans l'île de Naxos, il rencontre une jeune fille éplorée; la malheureuse Ariane venait d'être abandonnée de son amant; vous croyez qu'il en abusa : c'était facile, toute femme est si tendre à la consolation ; pas du tout, il l'épousa. Est-ce assez édifiant, assez péremptoire?

Je sais bien qu'une autre fois il se passa un caprice, mais qui aurait résisté puisqu'un dieu ne le put? et comme il s'y prit d'une façon ingénieuse et délicate! Dans le détour d'un bois, il aperçoit la naïade Nicée, il s'approche, veut lui baiser la main, elle résiste, elle s'enfuit; mais Bacchus change l'eau de la fontaine en flots de vin, la naïade s'y précipite, la voilà ivre... De cette union provient la race des satyres.

Et puis quel bon fils que notre dieu! Un jour les géants veulent envahir le ciel et détrôner Jupiter. Tous les immortels se sauvent terrifiés, mais Bacchus se présente, s'attaque aux monstres, les terrasse, et sauve son père.

Une autre fois, pour délivrer Sémélé, sa mère, il pénètre jusqu'au fond du Tartare, l'en arrache, et la fait mettre au nombre des déesses.

Quel bon frère aussi! Vous vous rappelez les compagnes de son enfance, les jolies filles d'Atlas, il les change en étoiles; vous pouvez encore les admirer aujourd'hui, c'est le groupe scintillant des Hyades. Toutes ces qualités du cœur, c'est au vin qu'il les devait. Est-il surprenant que Vulcain, l'artiste par excellence, se soit lui-même chargé de sa statue?

S'il est représenté sur un char traîné par une panthère ou par un tigre, s'il est revêtu de la peau de cet animal, ce n'est pas qu'il soit cruel par nature, c'est qu'il ne faut pas se jouer d'un buveur, c'est qu'il ne fallait pas abuser de sa bonté, se rire de ses mystères. Un jour ces petites sottes de Minéides s'avisent de profaner sa fête en travaillant à leurs canevas; il les change en chauves-souris et leurs canevas en feuilles de lierre. C'était trop sacrilège aussi! Au reste la preuve qu'il voulait la tranquillité avant tout, c'est qu'il avait toujours soin de placer auprès de lui un caducée en signe de paix.

Tel fut le propagateur de la vigne. Étonnez-vous après cela que les Égyptiens aient essayé de prouver que Bacchus n'était autre que leur fameux roi Osiris; qu'Alexandre le Grand, qui aimait assez à boire un coup, ait pris notre dieu pour modèle; étonnez-vous qu'un prêtre de notre temps ait prétendu que le dieu de la vigne n'était autre que Noé; qu'un autre prêtre, l'abbé Tresson, ait prouvé, à n'en pouvoir que difficilement départir, que Bacchus c'était Moïse. Nous en prouverions bien d'autres si la permission nous était laissée. Mais arrêtons-nous, toutes ces prétentions rivales prouvent la grandeur de notre dieu. Buvons donc un dernier coup en son honneur. Evohé, Evohé!

Alfred Bougeart.

VINÉA,

LA FILLE DE NOÉ.

Vinéa, l'antique Bacchante,
La fille du bon vieux Noé,
Autour de ses flancs a noué
Le pampre, le lierre et l'acanthe.
Des raisins parent ses cheveux,
Et font, sur sa face maligne,
Pleuvoir les rubis de la vigne
Qui mettent du feu dans ses yeux.

    O Vinéa, la blonde,
    Qui sais plaire et charmer,
    Verse pour tout le monde
    Le vin qui fait aimer!

Jadis elle allait toute nue ;
On croyait voir la vérité;
L'urne où pétillait la gaîté
Pendait à sa main ingénue.
Nos pères, gaillards et dispos,
Autour d'elle formant des groupes,
Avec bonheur tendaient leurs coupes
Sous l'amphore exempte d'impôts.

De nos jours, c'est une comtesse
Qui va dans le salon doré,
De diamants le front paré,
Elle brille comme une altesse ;
Sa main remplit les coupes d'or
Des vins écumants de l'orgie,
Et puis sur la nappe rougie
Le grand monde baille et s'endort.

Souvent, grisette sémillante,
Elle accourt chez nos gros bourgeois;

Le vin déborde sur leurs doigts
De la timbale vacillante :
L'amour fait flamber l'alcool ;
En souriant sa main l'active
Et la pudeur, vierge craintive,
Par la fenêtre prend son vol !

Sous des habits de villageoise
Elle assemble les paysans ;
Alors les propos médisans
Vont heurter la chanson grivoise ;
Puis la gaîté se change en pleurs ;
La colère devient furie ;
Et sous l'arbre de la prairie
Le sang ira tacher les fleurs !

Aux confins de la capitale
On la voit venir en haillons,
Elle assemble des bataillons
D'hommes à face de Tantale !
Son broc leur verse le vin bleu,
Dont chacun se gorge à la ronde,
Et puis la bacchanale immonde
Bave, chancelle, insulte Dieu !

O Vinéa, la blonde,
Qui sais plaire et charmer,
Verse pour tout le monde
Le vin qui fait aimer.

BARILLOT.

L'EAU DE SELTZ ET LE CHAMPAGNE.

FABLE.

A mon ami Greno.

L'eau de Seltz au Champagne, un jour, disait : « Mon frère,
   Vraiment, je n'ai jamais compris
Pour quelle cause à moi le gourmet te préfère,
   Et qu'il t'achète à si haut prix.
Cependant, comme toi, je mousse, je petille,
   Et je fais sauter le bouchon...
— Folle ! vous n'êtes pas de la même famille,
Lui dit quelqu'un ; renonce à la comparaison.
Sur quelques vains détails tu bâtis un système
Qui flatte ton orgueil et blesse la raison..,
   Mais votre goût n'est pas le même,
   Et votre esprit est différent. »
Avec nos grands auteurs un sot, un ignorant,
Par la *mousse* et le bruit a quelque ressemblance,
Mais c'est la qualité qui fait la différence.

PIERRE LACHAMBEAUDIE.

L'AUTOMNE.

Vite! le jour se lève. Ouvrons toutes grandes les portes des greniers et des caves! — Voici l'Automne qui arrive les mains pleines, l'Automne que l'on suit pas à pas, l'œil attentif et le corps penché, la sueur au front et le cœur en joie, pour ramasser les trésors qu'il répand,

L'Automne, le prodigue Automne, qui paye les dettes du Printemps.

Fi de la rose et des bluets! Fi des poëtes qui les ont chantés! — Le pampre est jaune et les grappes sont pourpres; les pommiers fléchissent sous leurs guirlandes de fruits mûrs, et là-bas, dans les champs, le maïs a brisé son enveloppe de feuilles. — Voilà qui vaut mieux que des roses!

A l'ouvrage, paysans laborieux! — Vous, armez vos bras de la houe tranchante et du crochet aux pointes recourbées ; vous, prenez la gaule retentissante et flexible ; et vous, aiguisez la faux. Il reste des regains à couper, — les vergers vous attendent, tout constellés de pommes luisantes et de noix d'or sous leur écaille verte — et dans les champs, les pommes de terre, cet autre pain que vient donner aux pauvres,

L'Automne, le prodigue Automne, qui paye les dettes du Printemps.

Ferme! Le pressoir crie en tournant, et par mille trous, la liqueur mousse en se répandant. — Ferme! C'est la gaîté des veillées causeuses que ce cidre petillant et sucré. — Comme les vieillards lui sourient! C'est qu'ils reconnaissent en lui l'ami qui délie leur langue, le plaisir qui trompe les heures, le philtre qui les ramène aux jours de leur jeunesse.

Mais les chariots sont attelés, — les futailles vides attendent, bouche béante, — et les enfants pressés agitent en l'air leurs serpettes impatientes. — A la vigne! à la vigne! et, tout en dépouillant de ses fruits le sarment rugueux, — gais vendangeurs et jolies vendangeuses, dites-nous quelque belle chanson ;

Une chanson gaillarde et joyeuse qui fasse rêver les filles et battre le cœur des garçons, — une chanson savoureuse comme la grappe et passionnée comme l'amour, — une chanson qui fasse aimer et qui donne soif, — une chanson avec des baisers plein les couplets et une rasade à chaque refrain,

C'est l'Automne, le prodigue Automne, qui paye les dettes du Printemps.

Oh! les grives, les grives! comme elles fuient..... — Assez bu, pillardes effrontées, c'est à notre tour maintenant. — Elles se sauvent tout effarouchées, en berçant de gammes aventureuses leur vol chancelant, — comme moi, mes bonnes petites grives, comme moi, quand j'ai soupé chez le voisin et que je veux regagner mon lit.

C'est du raisin que vient le vin, du vin que vient l'inspiration, de l'inspiration que vient le génie. — C'est le vin qui donne le courage, et c'est lui qui donne l'ivresse — l'ivresse! — un mot que l'amour a volé au vin. — Gai! gai! le soleil altère. — A la santé de l'Automne,

De l'Automne, du prodigue Automne, qui paye les dettes du Printemps!

Maintenant — que les feuilles déjà jaunes se détachent et s'envolent au vent! — que la pelouse, où déjà chaque matin l'herbe frissonne sous le givre, se couvre d'un linceul de neige! — Qu'importe! Les fils de la Vierge nous ont promis des semailles heureuses, et s'il fait froid dehors, nous aurons pour nous réchauffer — avec le feu pétillant de l'âtre — le nectar consolateur que nous a laissé en partant,

L'Automne, le prodigue Automne, qui paye les dettes du Printemps.

BARTHET.

CONSEILS BACHIQUES.

Air : *Un soir à la Chaumière.*

Amis de la bouteille,
    Serait-ce en vain
Que Dieu créa la treille
    Et le bon vin?
Puisqu'en fervents adeptes
    Vous le servez,
Soumis à ses préceptes,
    Buvez, buvez!

Le premier patriarche
    Du genre humain,
Noé, sortit de l'arche
    Le verre en main.
Aux hommes du martyre,
    Par lui sauvés,
Il dit: « L'eau se retire;
    Buvez, buvez! »

Si la Toute-Puissance
   Vous a doté
D'un fonds d'insouciance
   Et de gaîté,
Pour que ces biens de l'âme
   Soient conservés;
Pour en nourrir la flamme,
   Buvez, buvez!

La Fortune est cruelle;
   L'homme ici-bas
Doit soutenir contre elle
   Bien des combats.
De soucis et d'alarmes,
   Parfois grevés,
Pour prévenir les larmes,
   Buvez, buvez!

Quand le froid nous assiége,
   Quand les hivers
Ont caché sous la neige
   Les gazons verts;
Quand la grêle sautille
   Sur les pavés,
Près du feu qui pétille,
   Buvez, buvez!

Mais les fleurs sont écloses;
   D'un pied léger,
Le printemps sur les roses
   Vient voltiger.
De soleil et d'ombrages,
   Longtemps privés,
Sous les nouveaux feuillages,
   Buvez, buvez!

Par les vents et la houle,
   Bons matelots,
Quand votre vaisseau roule
   Au gré des flots,

Lorsque, pleins de courage,
    Vous les bravez,
Pour conjurer l'orage,
    Buvez, buvez !

De boire qu'on s'empresse ;
    Petits et grands,
Dans une douce ivresse,
    Mêlez vos rangs.
Par un vin délectable,
    Tous captivés,
Fraternisez à table !
    Buvez, buvez !

Mais le temps vous condamne,
    Et tout tremblants,
Vous avez sur le crâne
    Des cheveux blancs ;
A la dernière aurore,
    Vous arrivez ;
Pour l'égayer encore,
    Buvez, buvez !

E. DE LA BÉDOLLIÈRE.

A ADAM BILLAUT.

CHANSON BACHIQUE.

—

AIR : *Aussitôt que la lumière.*

Maître Adam, mon cher confrère,
Je t'invite à mon festin,
Viens, repasse l'onde amère;
Nous dirons un gai refrain.
Rapporte-nous cette trogne
Qui défiait le soleil,
Quand un quartaut de Bourgogne
Lui donnait son teint vermeil.

—

Ici, dans mon ermitage,
A l'abri des vents jaloux,
Suivant l'exemple du sage,
Nous boirons comme deux trous!
C'est dans le vin que l'on puise,
Gaîté, satire et bons mots,
Que l'on nargue la sottise,
Et la critique des sots.

—

Tu n'aimais pas trop la guerre,
Si j'en juge à tes écrits,
Préférant le coup de verre,
A tous les coups de fusils.

Que notre champ de bataille,
Soit couvert de pots cassés,
Et qu'une vieille futaille,
Soit parmi les trépassés !

—

S'il est un plaisir au monde,
Egal à celui des dieux,
C'est de verser à la ronde,
Ce nectar délicieux.
L'amour est une folie,
Nargue de l'enfant malin !
La bonne philosophie
Est au fond d'un broc de vin.

—

Mais, ami, le jour se lève,
On t'appelle aux sombres bords,
Notre dernier broc s'achève,
Tu vas rentrer chez les morts.
Proserpine va te suivre,
Te guidant, à ton insu,
Et Pluton te voyant ivre,
Va rire comme un bossu !

—

Adieu ! mais que je répare,
Le désordre où tu t'es mis,
Et que j'allume un cigare
A ton gros nez de rubis.
Au revoir, mon camarade,
J'irai déguster tes vins,
Aussitôt que la *camarde*
M'aura rayé des humains

Tu m'attendras au Cocyte
Avec Lafare et Chaulieu,
Amenant à votre suite,
Tous les ivrognes du lieu.
Après la reconnaissance,
Bras dessous et bras dessus,
Nous irons faire bombance,
A la barbe des élus !

ROUGET DE (Nevers, 1852).

LA GRIVE DE VIGNE[1].

Grive de vigne, tourde du Midi, emblème du franc buveur, délice de l'ouïe et du goût, de l'enfance et de l'âge mûr.

La Grive tient une place immense dans la vie de plaisir de l'ami des forêts, du tendeur à la glu, du tendeur au collet, du chasseur au fusil. Ses chants d'amour, qui descendent le matin et le soir de la cime de tous les grands arbres, dès les premiers soleils, sont la vraie harmonie des forêts au printemps. La Grive chante un mois avant le Rossignol, et n'attend pas comme lui, pour célébrer le réveil de la nature, que la terre ait repris sa parure de fête et que l'aubépine soit en fleur. Elle chante dès que pointe la verdure aux tiges aventureuses du chèvre-feuille et du groseillier sauvage. J'ai souvenance aujourd'hui, comme des heures les plus roses et les mieux employées de ma première jeunesse, de celles que j'ai passées à entendre jaser la Grive dans les grands bois de la Meuse, par ces douces soirées de mars propices à la croulle, au temps où le deuil est encore aux rameaux dépouillés des hêtres, mais où déjà la séve d'amour circule activement dans les veines de tout ce qui a vie, où de larges bouffées d'air tiède saturé des senteurs mielleuses du marsaule s'exhalent par intervalles du sol et trahissent le tra-

1. Extrait du 2e volume inédit du *Monde des Oiseaux*, par Alphonse Toussenel. Librairie Phalanstérienne, 25, quai Voltaire,

vail souterrain du printemps. J'ai gardé bien longtemps aussi parmi mes dates heureuses celle de la matinée de septembre où je pris ma première Grive, bonheur si vaste et si inespéré que je ne pus m'empêcher de le considérer tout d'abord comme une marque éclatante de la faveur du ciel, et plus tard de le mettre en vers, en vers latins s'entend, car je n'ai jamais su *rimer* qu'en cette langue. Comme la situation d'une Grive qui fond sur la pipée à l'appel de la Chouette n'est pas sans une certaine analogie avec celle de Laocoon, prêtre du dieu des mers, qui va percer de sa lance les flancs du cheval de bois, j'avais tiré pour la circonstance un parti assez avantageux du fameux récit de l'Énéide, à preuve que ma mère, qui ne savait pas le latin, ne pouvait cependant se lasser d'admirer ce tour de force. Une seule crainte troublait la digne femme en ses joies d'orgueil maternel. Elle avait entendu dire que les enfants mouraient pour avoir trop d'esprit.

La Grive est donc un des fruits les plus doux et les plus précieux du beau pays de France, et je crois qu'il est permis de s'exprimer ainsi depuis qu'un guéridon a défini la bête : *végétal organisé puissanciellement*. La Grive est la joie du printemps et la joie de l'automne. Elle sert d'élément pivotal à dix chasses au moins, dont deux ou trois charmantes, la pipée et la chasse aux vignes ; les autres constituent pour certaines contrées une industrie fructueuse. Comme elle donne dans tous les pièges, raquettes, gluaux, collets, pantières, elle se met à toutes les sauces et donne lieu à des rôtis du plus haut titre, ainsi qu'à des salmis et à des pâtés délectables. Cependant nul poëte indigène n'a songé à chanter la Grive, bien que chaque jour j'entende quelqu'un de ces nourrissons des muses se plaindre en vers menteurs que tous les sujets soient usés. Tous les sujets usés... parce qu'ils ont fait des odes à la Peste, à la Guerre, et rimé tant de plates adulations à la Richesse et à la Force, que les riches et les puissants n'en veulent plus. Pauvre poésie ! pauvre Grive !

Pauvre Grive, en effet, car, à défaut de poëte, elle n'a pas, même encore trouvé d'historien. Guéneau de Montbeillard, le pseudonyme de Buffon, en fait un oiseau sombre, taciturne et mélancolique, quoique ami des vendanges. Contradiction bizarre et que j'ai déjà relevée. Comme si l'amour de la vendange avait jamais engendré la mélancolie ou tenu la langue captive. Égosillez-vous donc à chanter à tue-tête, depuis le matin jusqu'au soir, pendant cinq mois de suite, pour être ainsi jugé par les plus compétents!

J'ignore, en vérité, de quels instruments d'optique et d'acoustique, longue-vue ou cornet, ces naturalistes-là font usage pour observer l ur nature; mais moi qui ai beaucoup entendu de chants de Grives, je les ai toujours trouvés à peu près aussi tristes que les meilleurs refrains de nos chansons à boire :

Vive le vin,
Vive ce jus divin,
Je veux jusqu'a la fin
Qu'il égaye ma vie, etc., etc.

Je comprends encore jusqu'à un certain point que le penchant à la boisson, qui est trop prononcé chez la Grive, ait tenu éloignés d'elle les poëtes rêveurs au teint pâle, et que l'adage *soûl comme une Grive* ait effarouché la pudeur des muses sensitives. Mais raison de plus alors pour tous les gais chansonniers qui chantent sous la treille de venger leur emblème des injustes dédains de la poésie éthérée et valétudinaire. Et si le devoir de la réparation de l'injustice incombait à quelqu'une des illustrations de la pléiade anacréontique de l'époque, plus spécialemen qu'à aucune autre, c'était assurément à celle qui avait fait valoir avec tant de succès et de verve les droits de Jean-Raisin. Mais attendez un peu qu'en ce monde à rebours la logique parle au cœur des plus intelligents. Voici qu'au lieu de nous chanter la Grive, amie des gais refrains et du jus de là treille, l'emblème du bon vivant qui boit sec et souvent et s'attarde parfois dans les vignes du seigneur, voilà que le poëte, renonçant aux pipeaux pour emboucher la trompette héroïque, va dépenser son souffle à glorifier le Coq (1): Le Coq, mon ennemi intime, une brute féroce, un matamore ignoble qui trône sur le fumier comme trône l'instrument de compression sur toute société faisandée... une machine à tuer qui se rue sur les siens au signe de son maître. Pardon, pardon, poëte ; mais, à tant faire

1. A la façon dont M. Toussenel traite ce pauvre coq, l'éditeur de Jean-Raisin a pensé qu'il serait d'une bonne courtoisie de répondre à cette haute apologie de la Grive par celle du Coq, petit poëme inédit et composé depuis tantôt doux ans sous le titre de *la Chanson du Chante-Clair*. Voir à la suite du présent article.

que de travailler à l'illustration des héros, j'aimerais mieux
encore, si je savais chanter, chanter l'Aigle que le Coq. Oui,
l'Aigle aux serres tranchantes qui trône dans la nue et tient
en main la foudre et s'enivre de sang dans les champs du car-
nage; car l'Aigle est dans son rôle, du moins, quand il tue
et dévore, et la boucherie lui profite, tandis qu'à l'autre, pas.
Mais si je savais chanter, je chanterais la Grive, la Grive et le
Rouge-Gorge, mes premières amours, et non le Coq ni l'Aigle.

Si j'étais riche, je mettrais, dès demain, l'éloge de la Grive
au concours. Le prix consisterait en un pâté de grives monstre,
orné de cent bouteilles de Haut-Brion-Larrieux de 1848. Si j'é-
tais un membre influent d'une société bachique quelconque,
j'intriguerais vivement dans son sein pour lui faire adopter la
bannière symbolique de la série des gourmets d'Harmonie, qui
est un magnifique drapeau blanc (couleur d'unitéisme), sur le
champ duquel se détache une immense grappe de raisin pourpre en proie à trois grives d'or. Car ils ont repris là-haut les
fêtes de Bacchus, mais sans l'orgie et les Bacchantes, c'est-à-
dire sans les Bacchanales. La fête des vendanges d'harmonie est
d'abord celle de la clôture des travaux de l'année. C'est aussi la
fête de l'âge mûr et de l'amitié dont le vin est l'emblème. Elle
est principalement consacrée aux repas de corps où l'on toaste
plus qu'on ne danse et où la jeunesse s'ennuierait, ce qui fait
qu'on ne l'y invite pas. C'est, pour tout dire enfin, la fête du
Jubilé de l'amitié revenant tous les ans, à l'époque du passage
des Grives. J'ai besoin de faire remarquer que le mot *gourmet*,
dont je me suis servi tout à l'heure, n'a jamais voulu dire *gour-*
mand, mais bien dégustateur de liquides. Cette distinction est
essentielle. La fonction de gourmet est entourée en harmonie
d'une considération adéquate à son importance, et c'est toujours
le Haut Gourmet qui préside ces grands tournois de fourchette
où l'honneur culinaire du canton est en jeu.

Alors, puisque la poésie et l'histoire universelle ont fait défaut à la Grive en même temps, examinons la sentence dont l'a
frappée la justice du peuple : *soûl comme une grive.*

Le peuple, il faut bien le confesser, a plus approché de la
vérité dans sa condamnation brutale que certains maladroits
avocats de la Grive, qui l'ont voulu défendre de l'accusation
d'ivrognerie pour en faire une simple gourmande, alléguant
que manger n'était pas boire... comme si la gourmandise qui

figure sur la liste des péchés capitaux était un moindre vice que l'ivrognerie qui n'y figure pas. Mais l'argumentation n'est pas même spécieuse et tombe devant le fait. Linnæus eut une Grive qui tant aimait à boire qu'elle se grisait une fois tous les jours, dont elle était devenue chauve; infirmité qui disparut après que le grand naturaliste eut soumis la buveuse pendant une saison au régime de l'eau pure.

Voici donc qui est démontré : la Grive aime le vin; mais, attendons un peu, tous les honnêtes gens aussi aiment le vin. Jean-Jacques prouve même très-bien que cette passion-là est l'indice des cœurs francs et droits et des âmes sensibles. Or, d'aimer le vin à en boire jusqu'à perdre la raison et l'usage de ses jambes, la distance est très-grande, et la Grive ne la franchit pas. Elle en prend quelquefois plus qu'elle n'en peut porter; je ne dis pas le contraire; mais c'est pour se refaire de longs jeûnes, et mille fois je l'ai rencontrée *pompette*, mais jamais ivre morte. Et l'eussé-je rencontrée en cet état, hélas! que mon âme charitable eût plus penché probablement encore à la plaindre qu'à la blâmer. Car il faut bien nous persuader que l'ivrognerie porte presque toujours son excuse avec elle, et que l'homme ne se résout pas volontairement et sans de graves motifs à abdiquer sa raison qui est son plus bel attribut et à se dégrader. Grattez l'ivrogne, vous trouverez l'affligé, et souvent l'affligé de peines de cœur incurables, mortelles, qui ne cherche pas dans l'ivresse le retour d'une illusion perdue, mais l'effacement d'une figure aimée, d'un souvenir fatal. Puisque l'oubli n'est qu'au fond de la bouteille, il faut bien que le malheureux descende le chercher jusque-là. Et aussi le misérable serf de la machine ou de la glèbe qui a besoin d'oublier son présent, comme le pauvre père de famille d'oublier l'avenir. Pour cette masse d'infortunés-là l'ivresse est une façon de suicide intellectuel qui supprime la pensée et empêche de souffrir. Pour le petit nombre seulement, elle est le mirage de l'idéal et quelquefois facilite à l'artiste ses tentatives d'évasions du réel. Nul ne s'enivre en Harmonie où les vins fins pourtant sont à discrétion, parce qu'il n'y a ni passé ni avenir à redouter en cette phase de délices. Tout le monde se soûle, au contraire, dans l'Irlande catholique, comme dans la Pologne catholique, parce que la Pologne catholique et l'Irlande catholique, enserrées l'une et l'autre aux griffes de l'aigle orthodoxe ou du léopard anglican, et sans relâche tordues, déchirées, dévorées par ces dominateurs avides, sont les deux états de l'Europe où l'on souffre le plus. Consultez à ce sujet toutes les statistiques de l'ivrognerie en cette partie du monde, toutes seront unanimes pour répondre que l'intensité des ravages de l'épidémie honteuse est proportionnelle aux misères des populations et à la pesanteur du joug qui les écrase. Or, les Grives et les Becfigues qui donnent à la vigne, sont parmi les oiseaux ce que sont les Irlandais et les Polonais catholiques parmi les peuples d'Europe, c'est-à-dire les races qui ont le plus à se plaindre de la barbarie et de l'avidité de leurs persécuteurs, l'homme et l'oiseau de proie.

Il faut considérer encore que si le premier orateur venu d'une société de vertu ou de tempérance quelconque d'un pays où ne croît pas le vin a le droit d'en médire, pareille liberté est interdite à l'analogiste passionnel né de parents français, qui sait que la vigne est le plus pur produit des amours du Soleil et de la Terre, et la plus précieuse de toutes les richesses naturelles de sa patrie. La France ne s'appellera la reine des nations que lorsqu'elle les aura amenées toutes à se prosterner devant la supériorité de ses vins.

Et puis encore, la pauvre Grive paye si cher sa passion pour le fruit de la plante sainte, qu'il y aurait plus que de la barbarie et de l'ingratitude à la lui reprocher.

C'est ce fruit, en effet, qui attire tous les ans sur notre territoire ces légions innombrables de Grives qui fournissent à nos joies tant d'éléments divers. C'est lui qui communique à la chair de l'oiseau ses qualités exquises; qui lui monte l'esprit au diapason de la bataille, lui ôte sa prudence et la fait se précipiter tête baissée dans tous les pièges. C'est le raisin qui, alourdissant ses allures, la livre sans défense aux attaques du Hobereau et de l'Emérillon.

Beaucoup de gourmands connaissent la Grive pour en avoir mangé, mais non pour avoir ouï ses chants mélodieux; par la raison que la Grive n'a guère d'autres patries en France que les grandes forêts de l'Est et qu'elle niche très-rarement dans l'Ouest et dans le Centre, presque jamais dans le Midi. Et encore le nombre des Grives qui reçoivent le jour dans les districts boisés de la Lorraine, de l'Alsace et de la Franche-Comté ne compose-t-il qu'une fraction très-minime du chiffre total de celles qui s'abattent vers le temps des vendanges sur tous les vignobles français. La masse descend en ligne droite des Alpes norwégiennes et lieux circonvoisins, et s'ébranle vers le commencement de l'équinoxe d'automne. Les premières Grives de saison apparaissent le 9 octobre, jour de la Saint-Denis (Dionysius, Bacchus) vers la zone de Paris. Le passage dure trois semaines au plus et se termine généralement le 28. Le gros de l'armée émigrante suit les vallées du Rhin, de la Meuse, de la Saône, mais de nombreuses divisions s'en détachent pour gagner l'Espagne par les vignobles du Poitou, de la Saintonge et de la Guienne et prennent leurs quartiers d'hiver sur les rives plus ou moins boisées du Tage, de la Guadiana et du Guadalquivir. Le reste se dissémine dans les autres péninsules de l'Europe méridionale et aussi dans les archipels. Quelques faibles partis se hasardent à franchir la mer, mais le chiffre de ces voyageurs aventureux est toujours fort restreint. Après avoir payé un large tribut de chair à toutes les contrées où elles ont fait séjour, les Grives de vigne reprennent le chemin du nord aux environs de l'équinoxe de mars. Elles voyagent isolément et de nuit comme les Merles. Les trois autres espèces de Grives passent par compagnies.

Il n'est pas rare de rencontrer l'hiver, dans nos départements de l'Est et du Centre, surtout dans le voisinage des sources et des ruisseaux couverts, des Grives attardées qui y vivent de petits mollusques ou des baies de l'aubépine, du genévrier, du lierre ou du gui. Même il m'est arrivé dans cette saison-là d'en tirer dans les chaumes, au beau milieu de la plaine, à l'arrêt de mon chien.

Les Grives vivent principalement, comme il a été dit, de vers et de mollusques; elles avalent les petits escargots et cassent les gros contre les pierres avec une adresse remarquable. Elles se mettent au régime des baies dès la venue des merises.

Le nid de cette espèce est un des plus merveilleux spécimens de l'art architectural des oiseaux. Il est habituellement placé dans les embranchements des poiriers ou des pommiers sauvages et des arbres à épines. Ce nid est assez semblable à celui du Merle, quant à l'apparence extérieure, étant comme celui-ci revêtu d'une large ceinture de mousse verte; mais il en diffère complétement quant au système de la bâtisse intérieure. La conque du nid du Merle est tout simplement bâtie en pisé humide, déposé en couches fort épaisses au dedans de la muraille de mousse, et l'oiseau, pour garantir ses œufs de l'humidité de ce lit, est obligé de le couvrir d'une forte paillasse d'herbes sèches, ce qui en réduit considérablement la profondeur et nuit à son élégance. La conque du nid de la Grive, au contraire, a la forme d'un verre à boire d'une profondeur convenable et d'une élégance parfaite dont les parois intérieures sont nettes et polies, comme si on les avait taillées au ciseau dans un cylindre de buis. Les œufs reposent à nu sur cette surface polie et sans interposition de matelas d'aucun genre. La matière de cette paroi intérieure est une simple couche de stuc ou de carton faite de bois mort pétri avec la salive de l'oiseau et plaqué avec économie et adresse sur une muraille de bouze de vache suffisamment consistante et qui relie solidement les trois parties de la bâtisse. Je ne connais pas de nid qui puisse rivaliser avec celui de la Grive pour la distinction de la forme et le fini des détails. Cinq œufs charmants d'un bleu d'azur profond, tiqueté de points noirs, occupent dignement leur place au fond, de cette coupe antique, qui est assurément une des plus charmantes productions de la céramique des oiseaux. (Il n'y a point d'adjectif dans notre langue pour dire ce qui est des oiseaux, comme l'on dit *humain* pour ce qui est de l'homme). Il est digne de remarque que les modernes qui ont donné une si grande attention au nid de la pic et à celui de tant d'autres oiseaux, n'aient jamais songé à admirer le nid de la Grive, qui est unique en son espèce, et dont la construction savante avait frappé jadis Aristote, Pline, Aldrovande. Temmynck a oublié d'en parler, et l'auteur de l'*Ornithologie du Gard* a oublié d'imiter le silence de son modèle, ce qui eût été de sa part plus prudent que d'assurer que ce nid était « composé de mousse et d'herbes sèches à l'extérieur et *garni à l'intérieur de quelques brins de paille liés ensemble avec de la terre glaise*. » Je proteste, au nom de la vérité, contre cette assertion et aussi contre celle qui la suit et que je trouve peut-être plus téméraire encore, à savoir que dans cette espèce « *le mâle partage la ponte avec la femelle*. » Le partage des travaux de l'incubation et de la bâtisse, d'accord; mais celui de la ponte, jamais.

On sait que l'engraissement de la Grive était l'objet d'une haute et lucrative industrie du temps de la Rome des Césars, et que les grivières étaient alors en si grand nombre aux alentours de la Cité reine que le guano provenant de ces établissements avait fini par devenir à son tour l'élément d'un commerce actif. Le procédé que les gourmands de Rome employaient pour engraisser la Grive était absolument semblable à celui qu'employent les riverains de la Garonne et du Tarn pour engraisser l'ortolan, et même les habitants du Maine et de la Bresse pour engraisser la volaille. Il consistait à tenir ces oiseaux enfermés dans une chambre obscure, loin de tout sujet de distraction et au sein d'une nourriture copieuse. Cette nourriture était aussi la même, à peu de chose près, que celle qu'on sert à nos ortolans du midi, une mixture de farine de millet et de baies de diverses espèces, notamment de baies de myrthe qui ont la propriété de communiquer leur parfum aux Grives qui s'en nourrissent. On dit que l'industrie des engraisseurs de Grives s'est continuée sans interruption depuis l'époque de Lucullus et de Tibère jusqu'à nos jours, dans quelques localités de l'île de Corse et de la Provence. Seulement, dans l'île de Corse, on n'aurait rien changé à la méthode ancienne, ce qui ferait du *Merle* de cette île un gibier supérieur, tandis que les nourrisseurs de Provence auraient adopté la funeste pratique de substituer dans leur pâte la baie du genévrier à celle du myrthe. Or, tous les gens de palais délicat doivent savoir que le goût résineux de la baie de genévrier n'est guère plus agréable que celui de l'huile de ricin si prisée des Chinois comme élément pivotal de friture. Je comprendrais mieux qu'on instituât des grivières pour enlever le goût de genièvre ou de térébenthine aux grives qui en sont naturellement affectées, que pour l'inoculer à celles qui ne l'ont pas. Mais gardons-nous de jeter entre Paris et Marseille une nouvelle pomme de discorde, à propos de cette question venimeuse de la supériorité du goût en matière gastrosophique et bornons-nous à donner comme nôtre et non comme celle du public éclairé l'opinion que nous venons d'émettre.

Un guéridon de province que je consultais une fois sur la maladie de la vigne, me répondit d'abord par cette phrase en douze lignes : *maladie contagieuse, sol épuisé de la vieille Europe, transporter dans l'Amérique Nord.*

Comme j'insistais pour savoir le remède au mal actuel : « *Griveline*, ajouta-t-il.

La griveline est le guano de Grive dont il a été question tout à l'heure. Le guéridon insinuait par là que l'abondance de fumier qu'on donne de nos jours à la vigne, était la première cause de sa dégénérescence, et qu'il fallait, pour la guérir, retourner à la pratique des créateurs des plus fins vignobles de France, les pieux enfants de Saint-Benoît, « de Cîteaux, de Saint-Maur, heureux propriétaires, » qui laissaient systématiquement aux oiseaux du ciel, aux grives, aux bec-figues, aux alouettes, le soin de féconder leurs cultures. Quelle merveille de voir, à tant d'années de distance, la sagesse et l'expérience des vénérables Pères confirmées par le dire d'un simple guéridon!

Alphonse Toussenel.

CHANTE-CLAIR.

PROLOGUE.

Chante-Clair! c'est la vigilance,
Le courage, l'activité,
L'amour, la vie et la semence,
L'éternelle fécondité.....
Son chant, peut-être, est la prière
Des monts, des cités et du val,
Plainte éternelle de la terre,
Criant au ciel, mon Dieu! délivrez-nous du mal.

LA CHANSON DE CHANTE-CLAIR.

L'éperon haut, portant sa crête
Comme un bonnet de liberté,
Chante-Clair va, dressant la tête,
Marquant le pas, ferme planté,

Ses pattes vont, en ligne droite,
Sous un croissant or et argent,
La queue en faucille miroite
D'un reflet noir et vert changeant.

REFRAIN :

Chante-Clair ! es-tu ? la prière,
Des monts, des cités et du val,
Plainte éternelle de la terre,
Criant au ciel, mon Dieu ! délivrez-nous du mal.

Travailleur luisant et superbe,
Il faut le voir, hiver, été,
Sur le fumier, la neige, l'herbe,
Grattant avec activité ;
Toute la gente à crête rouge,
En coquetant le suit de près,
Tout cela mange, cela bouge,
Mais lui ne mangera qu'après.

    Chante-Clair, etc.

Dans un petit cercle écarlate
Le voilà, clignant au soleil,
Sablé d'or fin, tout l'œil éclate,
Des feux de l'Orient vermeil ;
Lors sur les ergots il se hisse,
Le col gonflé vient en avant,
Tout le plumage se hérisse,
Son chant cuivré perce le vent.

    Chante-Clair, etc.

La chanson part, éclate et vibre,
Comme un appel à *l'hallali*,
Ou le cri d'un poëte libre
Que l'argent n'a pas avili ;

Qui, louant la chose bien faite,
Flétrissant ce qui doit finir,
Se fait le sonore interprète,
Des volontés de l'avenir.

    Chante-Clair, etc.

Tous les Chante-Clair lui répondent
Comme s'ils s'entendaient entr'eux,
Les chants s'éloignent, se confondent,
En montant de la terre aux cieux.....
Toute la rive orientale
S'empourpre de vives rougeurs,
Et l'alouette matinale
Monte, en chantant, des blés en fleurs.

    Chante-Clair, etc.

Tout aussitôt, dans la clairière,
Voici paraître une lueur
A la vitre de la chaumière,
C'est l'étoile du travailleur.
Les autres étoiles pâlissent,
Le hibou, dans la vieille tour,
Rentre effaré! Les bœufs mugissent,
L'œil tourné vers le point du jour.

    Chante-Clair, etc.

Le pauvre a repris sa besace,
Et dans les brumes du matin,
Lentement sa forme s'efface,
La forge luit dans le lointain....
Les longs troupeaux quittent l'étable,
Les pâtres frileux, leurs chenils.....
Les ventrus sont encore à table,
Ouvriers, prenez vos outils.

Chante-Clair, es-tu? la prière,
Des monts, des cités et du val,
Plainte éternelle de la terre,
Criant au ciel, mon Dieu! délivrez-nous du mal.

CHANT.

Chante-Clair, c'est la vigilance,
Le courage, l'activité,
L'amour, la vie et la semence,
L'éternelle fécondité.

Quand il battit l'aigle dans Rome,
Chante-Clair s'appelait Gallus;
Et luisait, planté sur la pomme
Des étendards du vieux Brennus.
Comme emblème du vrai courage,
Toujours les Gaulois l'ont aimé;
L'aspect seul de sa claire image
Souffle l'audace à l'homme armé.

    Chante-Clair, etc.

Au fort de l'ardente fournaise,
Quand tout tremble, le sol et l'air,
Dans le vent de la Marseillaise
On entend chanter Chante-Clair.
Et sous la mitraille enflammée
En avant quand il faut marcher,
On l'aperçoit dans la fumée,
Comme un souvenir du clocher.

    Chante-Clair, etc.

Lorsque, renié par Saint-Pierre,
L'Homme-Dieu, pour l'humanité,
Allait mourir sur le Calvaire,
Trois fois Chante-Clair a chanté;

Et sur toute la terre ronde
Tant que les épis mûriront
A la délivrance du monde
Tous les Chante-Clair chanteront.

Chante-Clair, etc.

ÉPILOGUE.

—

G. MATHIEU.

JEAN RAISIN EN SUISSE.

On ne boit pas mal en Suisse. Si jamais Jean Raisin s'avise de venir y faire sa belle jambe, il pourra être satisfait de la multitude d'enseignes de cabarets qui y enjolivent les rues des villes et des villages, et des superbes nez rouges qui y fleurissent pour sa plus grande gloire. Dans le fait, c'est au cabaret que la consommation est ici le plus ordinaire. L'usage du vin y est assez rare en famille et pendant les repas; on y boit pour boire, après avoir mangé pour manger, et on s'en acquitte en conscience. Dans beaucoup de localités, dès qu'il arrive un visiteur, on apporte une bouteille sur un plateau et on le met en demeure. C'est là une politesse du pays. Le droit de débit s'octroie par le Gouvernement, mais dans une certaine limite. La concession en est personnelle; cela s'appelle le droit de *pinte*. Au cabaret, dès que vous entrez, tous vos amis vous tendent leur verre plein, et vous êtes obligé d'y tremper vos lèvres. C'est une manière de se dire bonjour. Là les tables sont ordinairement fixées au plancher par des crampons énormes et cerclées de fer comme des roues de voiture. De cette façon au moins les bouteilles seront à peu près sûres de rester solides sur leur base quand les buveurs viendront à s'émouvoir. Le vin sert habituellement ici de compère à l'amour, bien que d'ordinaire on ne le boive qu'isolément et par petites chopines indéfiniment renouvelées. La plupart des rencontres amoureuses se font devant la bouteille, et les filles du village tiennent à ne sortir du cabaret qu'avec un tablier trempé de vin, comme celui d'une bonne d'enfant à qui son mioche vient de jouer un mauvais tour. Aux dimensions de la tache de vin, se mesurent les dimensions de l'amour du galant. Ces demoiselles ont l'habitude de recevoir la nuit, dans leur chambre, leurs amoureux, qui entrent par la fenêtre. Il est assez d'usage que le baril de vin ou la bouteille de *schnaps* soit aussi de la partie. Cette visite nocturne s'appelle le *kilt*. Le poëte Kuhn, qui était pasteur dans l'Obuhend, l'a chantée dans une chanson devenue populaire. Dans certaines contrées ces dames ne se contentent pas du vin : l'eau-de-vie a aussi pour elles des charmes irrésistibles ; les parfaites virtuoses en ce genre y ajoutent même les délices de la pipe. Dans un de ses livres qui est intitulé : *Comment cinq jeunes filles meurent dans l'eau-de-vie* ; M. Gotthelf, le romancier bernois, en attable cinq dans une auberge, autour d'un *pot* d'eau-de-vie. Le *pot* correspond à un litre et demi. A défaut d'eau-de-vie de marc, on se contente de celle de genièvre, de celle de fruits, ou de celle de pommes de terre. Les jours de danse et de grand régal, on fait chauffer le vin et on le boit en le coupant avec du thé au safran et à la cannelle. Les caves de Berne sont réputées pour leur sans-façon bachico-populaire. Pour peu que le temps soit à la pluie, on est obligé d'y allumer la chandelle en plein midi. On boit là pour ainsi dire à même le tonneau, et pendant que Bacchus tient le robinet du tonneau par devant, il n'est pas rare que messire Cupidon en fasse des siennes par derrière. Dans ces tavernes souterraines on mange, pour s'exciter à boire, des œufs cuits durs, de la saucisse et du *gnugfischs*, petits poissons boucanés qu'on mange secs, et qui se pêchent dans le lac de Constance.

Dans quelques contrées, les pharmaciens étrennent au nouvel an leurs pratiques avec une bouteille de vin rouge épaissi de cannelle, de sucre et de clous de girofle. On appelle cela de l'*hypocras* ou du *clairet*, bien que ce soit noir comme de l'encre. A cette même époque du nouvel an, il se confectionne aussi une forte quantité du même liquide, au siége des *abbayes*, c'està-dire des corporations de métiers dont les cadres sont encore ici en pleine activité, bien que bon nombre de ceux qui en font partie vivent de leurs rentes depuis plusieurs générations. Ce clairet des abbayes est alors distribué par un valet aux familles de la corporation, dans la grande coupe d'argent des grandes solennités. Quand un jeune homme arrive à l'âge où l'on devient membre actif de l'abbaye, c'est-à-dire où l'on participe personnellement à ses revenus qui sont parfois considérables, il est obligé de tenir un petit discours à l'assemblée, la grande coupe pleine à la main, après quoi il vide cette coupe, autant que faire se peut, d'une haleine. La coupe tient parfois près de deux litres.

Ceci nous rappelle cet ambassadeur qui faisait autrefois raison aux représentants des treize cantons primitifs en se faisant servir treize bouteilles de vin dans sa botte et la vidant sans désemparer.

Le meilleur vignoble de la Suisse est celui d'Ivorne, aux environs de Vevey, sur les bords du Léman. Ces contrées donnent effectivement un excellent vin blanc sec, bienfaisant et chaleureux, qui vaut la réputation dans il jouit en Suisse. Les vins de Lavau, de Lacôte et d'Aigle, dans les mêmes parages, ne sont pas non plus sans mérite. Sur le champ de la bataille de Saint-Jacques, du côté de Bâle, il se trouve un petit vignoble, dont le vin fumeux s'appelle le *sang des Suisses*. Le canton de Neuchâtel se glorifie surtout de son vin rouge de Cortailloz, dont la mousse, lorsqu'elle a acquis quelques années de bouteille forme dans le verre une étoile à sept dards, que les gens du pays ne manquent jamais de vous faire admirer. Les vins des bords du lac de Berne, au milieu duquel se trouve l'île Saint-Pierre, rendue célèbre par le séjour qu'y a fait Rousseau, sont beaucoup moins recommandables. En Valais on récolte un vin muscat des plus agréables. Zurich a aussi ses vignobles, ainsi que la vallée du Rhin, mais de qualités fort inférieures. Les vignes du Tessin ressemblent un peu par leur disposition en treille et par leurs produits à celles du Piémont. Enfin au fond de la Suisse, sur la frontière du Tyrol, vient le petit vin rouge de la Valteline, dont la rosée et la saveur picotante font penser à la groseille.

Vevey est le plus grand centre viticole de la Suisse. Tous les vingt-cinq ans la corporation des vignerons donne des fêtes splendides qui durent plusieurs jours et auxquelles affluent des masses de populations. On y voit figurer Bacchus et Cérès, les mois et les saisons, représentés par les plus beaux garçons et les plus belles jeunes filles du pays; sans oublier même le vieux Sylène à califourchon sur sa bête.

La culture indigène de la vigne est protégée par un impôt fédéral de 4 fr. 90 cent. par hectolitre de droit d'entrée pour les vins étrangers en futailles. Les vins en bouteilles payent naturellement beaucoup plus, ce qui n'empêche pas quelques grands hôtels de l'Oberland, de débiter journellement 400 bouteilles de vins fins pendant la saison d'été. Les dames anglaises ont la réputation d'entrer pour la plus forte part dans cette consommation. En sus de cet impôt fédéral, les cantons en prélèvent encore un autre à leur fantaisie, même sur les vins suisses à leur frontière respective. Certains cantons s'en abstiennent, entre autres celui de Neuchâtel, où il ne se prélève qu'un impôt *unique* de 1 pour 1 000 sur les fortunes et tout est dit.

Les protestants communient quatre fois par an, sous les deux espèces. Ce sont naturellement les paroisses qui font les frais du pain et du vin. Le vin se sert dans une grande coupe d'argent, que le marguillier présente aux fidèles sous les yeux du pasteur. Comme le vin est excellent, souvent le marguillier est obligé de tempérer le zèle des communiants, dont quelques-uns n'abandonnent la coupe qu'à regret et en se léchant les lèvres.

Tous les ans, au mois de septembre, la Suisse célèbre ce qu'elle appelle le *grand jeûne fédéral*. Ce jour-là tous les cafés et tavernes sont strictement fermés aux habitants du lieu, mais ceux-ci vont alors voisiner dans les localités environnantes, et le soir, par un phénomène singulier, il se trouve que, malgré le grand jeûne, toute la Suisse est ivre.

Resterait à parler de la bière et du café, mais ceci n'est plus du ressort de Jean Raisin.

Là-dessus donc, gloire à Dieu dans le ciel et bonne vendange sur la terre aux vignerons de bonne volonté. Que le ciel les préserve de la gelée, de la grêle et des rats de cave ! *Amen.*

Max. Buchon.

LA LÉGENDE DE SAINT VERNI.

C'était une grande fête pour moi que d'arriver à Issoire. Issoire, c'est la patrie des bons vivants, des bons buveurs, des jouisseurs de la vie. Je me figurais une petite ville de Flamands perdue au milieu de l'Auvergne; de temps en temps, du haut de l'impériale, je regardais si je n'apercevais pas une grosse trogne rouge sur la route. Pour moi l'habitant d'Issoire était un gai compagnon qui passe son temps entre la femme et la bouteille.

Idées que j'avais emportées de Paris à la lecture d'un proverbe :

> Qui bon vin veut très-bien boire
> Faut aller dans Issoire
> Qui à belle femme veut parler
> Dans Issoire doit aller.

D'un autre côté, le guide me montrait les habitants d'Issoire sous un côté plus moral; il disait le pays entier occupé à la confection de la chaudronnerie, travaux qui veulent des têtes fraîches et raisonnables.

La diligence entra dans Issoire. Pas de chaudronniers! Le guide mentait. Pas de buveurs à nez rouges! Le proverbe mentait. Pas de belles femmes !

« Qui bon vin veut très-bien boire. » J'entrai dans une auberge pour vérifier le premier vers. La servante apporta une bouteille de vin noir qui pouvait se boire après une matinée de poussière dans une diligence; mais ce vin n'offrait réellement pas matière à proverbe.

Ayant une heure à ma disposition, j'allai à la cathédrale espérant rencontrer sur mon chemin une de ces *belles femmes* chantées dans le quatrain. Je traversai la place du marché, où bon nombre de paysannes étaient assemblées. On ne voyait pas de belles femmes. J'arrivai à l'église, qui est un ancien monument fort curieux pour les archéologues, mais qui est d'une tristesse noire comme ses pierres. Ces sortes d'églises, quand on n'a pas la science, sont bientôt vues; la sévérité a chassé la sculpture, et les tableaux y sont aussi absents qu'en un temple protestant. Cependant, quelquefois dans les chapelles, sont enfouies de vieilles peintures curieuses que là *fabrique* jette de côté, n'en voyant pas la valeur. Cela se voit communément, même à Paris.

Je furetai un peu, lorsque, dans une chapelle, j'aperçus une statue de demi-grandeur d'homme, tout en or et en argent. Sur le socle, je lus : *Saint Verni.*

Sans être entièrement versé dans la vie des Saints et du Martyrologe, il était facile de reconnaître un saint d'une invention récente. D'ailleurs son costume l'indiquait assez.

Saint Verni est coiffé d'un chapeau auvergnat à la forme basse et à larges bords; sa veste est argentée, sa culotte dorée; d'une main il tient une bêche et de l'autre une énorme grappe de raisin.

Cette sculpture grossièrement coloriée, quoique tout nouvellement, a cependant le bon côté d'être franche et de ne pas s'environner de mystère. Dès la première vue on comprend que saint Verni ne peut être que le patron des vendangeurs ou des vignerons.

Je ne connus la légende que dix lieues plus loin. Il faut savoir d'abord que l'Auvergne, depuis la révolution de Février, a marché dans la voie révolutionnaire.

En même temps la croyance catholique tend à décroître tous les jours. Le pays est encore occupé par l'Eglise qui y possède de grands biens, par des congrégations, par des couvents; mais les cérémonies du culte n'amènent plus autant de fidèles que par le passé. Cependant le peuple a conservé, au plus profond de son cœur, des traditions, des légendes catholiques qu'il n'oubliera de longtemps.

Quelque temps après la révolution de Février, les habitants d'Issoire furent réveillés par une troupe d'hommes qui criaient à tue-tête :

— Vive saint Crépin, vive saint Crépin!

Chacun se mit aux fenêtres et reconnut la corporation des bottiers, cordonniers, savetiers, qui marchaient en troupe tumultueuse vers le presbytère. A son tour, le curé fut réveillé par un cri formidable de : Vive saint Crépin, suivi peu après de : vive la République!

En même temps, la corporation frappait à coups redoublés à la porte du curé qui, ne sachant que penser de ces acclamations, craignit un moment l'emportement des Auvergnats. Il ouvrit sa fenêtre, et fut salué des deux cris vive la République et vive saint Crépin. Le desservant de la cathédrale se perdait en raisonnements sur ce rapprochement de la République et du patron des cordonniers, sur ce mariage spontané de saint Crépin et de la République. Cependant, comme on l'invitait assez brutalement à ouvrir, il s'habilla au plus vite et descendit recevoir ses visiteurs inattendus.

— Vive saint Crépin! Nous voulons saint Crépin! Il nous faut Crépin! cria d'une seule voix la corporation.

— Mes amis... dit le curé, qui ne savait ce qu'on lui voulait.

— Vive saint Crépin! s'écria la corporation des cordonniers.

— Mais, mes amis, répondit le desservant, qui comprit alors le motif de cette matinale députation, vous savez que nous avons enlevé la majeure partie des statues de notre église pour une bonne raison. Elles étaient abîmées, cassées; et il aurait fallu de grands frais de restauration pour les repeindre, les dorer et les arranger d'une façon convenable.

— N'importe, nous voulons notre saint Crépin tel qu'il est.

— Vive saint Crépin! s'écria la foule.

— Mes bons amis, je suis à vos ordres; vous voulez votre patron, rien n'est plus juste. Laissez-moi prendre la clef de l'endroit où il est renfermé, et nous irons chercher saint Crépin.

Au bout d'une demi-heure, deux délégués de la corporation descendirent des combles, portant, non sans fatigue, une statue peinte de saint Crépin qui avait reçu de notables atteintes du temps.

Le martyr romain avait perdu une jambe; et, quoiqu'il n'entre pas dans les habitudes des cordonniers d'avoir une grande extase pour les boiteux, ils emportèrent en triomphe leur saint à travers la ville, élevèrent sur la place un petit autel où se voyaient les attributs les plus connus du métier, tels qu'alènes, tire-pieds, etc... et commandèrent à un menuisier d'Issoire de refaire une jambe à saint Crépin.

Cette cérémonie se répandit par la ville qui n'est pas grande; les cordonniers joyeux allèrent eux-mêmes répandre le bruit de leur expédition, et ils arrosaient cette bonne nouvelle du vin noir d'Issoire. Cela valut au curé une nouvelle députation des jardiniers, qui n'auraient pas pensé à leur saint, sans l'entreprise des bottiers. Ils allèrent réclamer saint Fiacre qui apparut bientôt dans un tel état de dégradation qu'on comprenait de reste les motifs de son exil. Mais il fut tellement couronné de fleurs, vêtu de feuillage, que la misère de son corps ne parut pas ouvertement.

Le lendemain, voici les charrons qui s'en viennent au presbytère demander leur saint. A cette demande le curé hésita. Quel était le saint des charrons? Il n'en savait rien. Dans ce calendrier tout local, ces saints n'avaient rien de bien canonique.

— Cherchez là-haut, mes amis, dit le curé, vous trouverez, sans doute, votre patron. D'ailleurs, personne n'y a touché... il y est certainement.

Les charrons trouvèrent une statue qui représentait un homme d'apparences robustes; cela leur suffisait. Ils l'emportèrent en le traînant sur un essieu démonté. Après les charrons vinrent les chaudronniers; le curé les envoya immédiatement dans la salle où logeaient tous ces saints perclus et détériorés.

Mais toutes nos réjouissances avaient travaillé les têtes des *belles* femmes d'Issoire, qui devinrent jalouses des hommes.

Elles pensèrent que si leurs maris avaient des patrons, elles devoient avoir aussi des patronnes. Et les dentelières d'aller demander au curé leur sainte; puis, ce furent d'autres exigences. Chaque quartier voulut avoir son saint; ensuite chaque rue.

Le curé redevint aussi inquiet qu'à la première visite des cordonniers, car il finit par vider son garde-saints. Ce qui s'en alla de boiteux, d'éclopés, de manchots en bois, fut considérable.

Seulement, le curé se disait qu'il n'y aurait rien d'étonnant à ce que chaque propriétaire de maison voulût avoir un saint à sa porte; inévitablement les locataires de chaque maison voudraient aussi leur part de cette distribution de saints.

Et il n'y en avait plus. La salle qui servait d'hôpital aux saints infirmes était vide. le curé pensa qu'il n'avait plus qu'à se barricader dans son presbytère, si de nouveaux amateurs de saints se présentaient.

Effectivement, tout rentra dans l'ordre pendant deux jours; et le sacristain put se reposer de ses nombreuses courses au clocher. Mais le dimanche, à la sortie de la messe, le curé remarqua sur la place, devant l'église, un groupe discutant, qui paraissait avoir des intentions menaçantes.

C'étaient les vignerons, nombreux dans ce pays de vignes.

— Saint Verni, s'écriaient les vignerons, nous voulons saint Verni!

Le curé frissonna; car il connaissait dans le légendaire d'Issoire le nom de saint Verni. Il se rappelait confusément avoir vu jadis, dans une chapelle, une statue de saint Verni avec les emblèmes des vignerons. Où était passé saint Verni? le bedeau vint redoubler les inquiétudes du curé, en lui disant qu'il n'y avait pas traces de saint Verni dans les combles de l'église. Cependant les vignerons criaient toujours sur la place.

— Vous l'aurez, mes enfants, disait le curé pour gagner du temps.

— Saint Verni, tout de suite... Il nous faut saint Verni. Sain' Verni doit saluer la République.

— Mes amis, on cherchera saint Verni, répétait le curé.

Mais ce futur n'était pas de nature à calmer les vignerons, qui n'admettaient pas de temporisation.

— Il y a assez longtemps qu'il est à l'ombre, notre bon saint Verni, il veut voir le soleil.

Et la foule répétait son immense cri de : vive saint Verni! Le curé pensa alors, avec terreur, que le patron des vignerons avait été enlevé par une autre corporation. Et il ne songea plus qu'à le retrouver. Sans communiquer ses doutes à la foule, il rentra dans l'église et laissa à son bedeau la mission de parlementer le plus longtemps possible. En chemin, une réflexion terrible se dressa dans l'esprit du curé : « Jamais, se disait-il, la corporation qui s'est emparée de saint Verni ne voudra le rendre. Cela amènera des luttes dans Issoire; Dieu sait comment la journée se terminera... »

Heureusement, le curé rencontra, sur la place, M. Trélat, qui venait d'arriver à Issoire, et qui jouissait d'une grande considération, en raison de ses opinions démocratiques. M. Trélat promit qu'il essayerait d'apaiser les vignerons et se rendit à la cathédrale. Pendant ce temps, le curé examinait, sur les places publiques, saint Crépin, saint Fiacre, les patrons des charrons, des chaudronniers, et ne retrouvait pas saint Verni.

De son côté, M. Trélat s'était mis à la tête du mouvement, afin de le diriger dans des voies plus pacifiques. Quand il arriva à l'église, une des portes du clocher était enfoncée; le bedeau était accusé de complicité avec le curé. La foule s'était répanduc dans les galeries, appelant à tue-tête saint Verni, comme s'il eût dû répondre à ces acclamations. M. Trélat, qui savait l'embarras du curé, dirigeait les recherches, faisait fouiller chaque coin, afin qu'on ne pût pas accuser le desservant de cacher le saint, au cas où il ne serait pas retrouvé.

Tout d'un coup, de la galerie opposée, on entend des cris d'enthousiasme, une des bandes avait découvert saint Verni dans une salle abandonnée, pleine de platras et de décombres. La joie du curé fut aussi grande que celle de ses paroissiens. Deux tonneaux vides furent apportés à la porte de l'église sur lesquels on coucha le saint, et on le promena par toute la ville.

A quatre heures, la place était couverte de tables, et sur les tables que de bouteilles, de litres, de brocs, de pintes! M. Trélat fut le président de cette fête bachique, à laquelle assistaient tous les vignerons, vigneronnes et les petits des vignerons. On but à la santé de saint Verni. On parlait à saint Verni; on plaignait ce pauvre saint Verni de son emprisonnement; on lui passait le verre.

Saint Verni, calme et silencieux, restait impassible, M. Trélat était obligé de vider les verres auxquels le saint ne touchait pas.

— C'est votre frère, disaient mille voix? Vive saint Verni et M. Trélat!

— Ils ont été tous les deux enfermés dans les cachots, sous la monarchie! s'écriait un orateur auvergnat.

— Vive la République, qui nous rend M. Trélat et saint Verni!

— Il faut boire! bon saint Verni; il a le gosier sec, il y a bel âge qu'il n'a pas bu.

Et toujours les coupes revenaient à M. Trélat, qui calculait avec terreur les quantités de vin noir que le saint lui faisait avaler par procuration. Ce ne fut que plus tard que M. Trélat eut l'idée de faire défoncer un tonneau. Pour échapper au danger qui menaçait sa raison, il fit un discours et plongea saint Verni dans le vin.

Au sortir de ce baptême, les vignerons acclamèrent leur patron. Seulement, quand il fut repeint à neuf, doré et argenté, le curé le baptisa plus catholiquement; et aujourd'hui saint Verni reçoit dans sa chapelle les hommages des vignerons.

Champfleury.

LE CAVE DE L'HOTEL DE VILLE DE BRÊME.

Heureux l'homme qui a touché au port en laissant derrière lui la mer et les orages, et qui se trouve enfin assis bien au chaud et bien en paix, dans la cave de l'Hôtel de ville à Brême.

Comme pourtant le monde se mire bien et gracieusement dans le *Rœmer*, et comme cet ondoyant microcosme insinue sa liqueur ensoleillée dans le cœur altéré.

Dans le verre, je vois tout, l'Ancien et le Nouveau-Monde, les Turcs et les Grecs, Hézel et Gans (1), des forêts de citronniers et des parades militaires, Berlin et Schilda, Turin et Hambourg, et, avant tout, l'image de ma bien-aimée avec sa petite tête d'ange, sur le fond doré du vin du Rhin. Oh! que tu es belle! que tu es belle! ma bien-aimée! Tu es tout à fait comme une rose, non pas comme la rose de Schiras, la fiancée du rossignol chantée par le poëte Hasis; non pas comme la rose de Sârou, la rose sainte et rouge, célébrée par les prophètes, mais comme la rose de la grande cave à Brême.

Celle-là c'est la rose des roses; plus elle vieillit, plus gracieusement elle fleurit. Son céleste parfum, il me béatifiait, il m'inspirait, il me grisait, et si le maître de la grande cave à Brême ne m'avait pas tenu ferme par la tignasse, j'aurais fait la culbute.

Le brave homme! nous étions assis ensemble à boire comme deux frères, en causant de choses sublimes et douces; nous soupirions, nous tombions dans les bras l'un de l'autre. Il m'a converti à la foi en l'amour. Je buvais à la santé de mes plus grands ennemis. Je pardonnais à tous les mauvais poëtes, comme il me sera un jour pardonné à moi-même. Je pleurais d'attendrissement, et enfin pour moi s'ouvrirent les portes du salut, le sanctuaire où les douze apôtres, les douze saints tonneaux prêchent en silence, et cependant si compréhensiblement pour tous les peuples! (2) Voilà des hommes! sans apparence au dehors, dans leurs petits vêtements de bois, ils sont cependant

1. Professeur de Berlin.

2. Il y a effectivement dans cette cave douze tonneaux qui s'appellent les douze apôtres. Le romancier allemand Hauff les met en scène dans une de ses nouvelles.

intérieurement plus beaux et plus lumineux que les fiers lévites du temple, et les Trabantes, les courtisans d'Hérodes, ces habillés d'or et de pourpre. Je l'ai pourtant toujours dit, ce n'est point parmi les gens du commun, non! c'est dans la meilleure société qu'a toujours vécu le roi du ciel.

Alleluia! comme les palmes de Béthel bruissent délicieusement autour de moi! comme embaument les myrrhes de Hébron! comme le Jourdain mugit et chancelle de joie! elle aussi chancelle, mon âme immortelle, et je chancelle avec elle, et le brave maître de la grande cave de Brême m'emporte ainsi chancelant en haut de l'escalier à la lumière du jour.

O brave maître de la grande cave de Brême! vois-tu les anges ivres et chantant sur les toits des maisons? Là-haut le soleil ardent n'est autre chose qu'un nez ivre et rouge, le nez de l'esprit du monde, et autour du nez rouge de l'esprit du monde, roule le monde entier ivre lui-même.

(Écrit en 1824.)

Traduit de Henri Heine par Max. Buchon.

CHANSON A BOIRE

TRADUITE DE L'ALLEMAND.

Le vin réjouit le cœur de l'homme; c'est pourquoi Dieu nous donna le vin. Près du jus de la treille, savourons l'existence; la joie est un devoir. Ainsi, trinquez et chantez ce que chantait Luther : « Celui qui n'aime pas le vin, les femmes et les chants, reste à jamais un fou. Nous, nous ne sommes pas fous, non, nous ne sommes pas fous! »

L'amour élève le cœur de l'homme vers les nobles actions, il adoucit les douleurs, éclaire le sentier obscur. Malheur à celui auquel manquent l'amour et le vin ! Aimez, buvez, trinquez et chantez ce que chantait Luther.

Un chant d'une harmonie pure, chanté dans un cercle d'amis fidèles, est un délassement après les fatigues du jour, après la sueur du travail. Reposez-vous, vos devoirs sont remplis. Trinquez, buvez, chantez ce que chantait Luther.

CHARLES MUMHLER.

LE VIN ALLEMAND ET LE VIN FRANÇAIS.

Le vin allemand est grave, froid et âpre ; il ne sourit pas, mais sous son air grondeur il cache une âme de feu. Ce n'est pas un plaisir que de boire du vin allemand, mais on est heureux après l'avoir bu. Le vin de France est babillard, aimable, caressant, mais sans vérité et sans persévérance. Boire, c'est pour les Allemands une affaire, une étude, un service divin ; pour les Français, boire est un plaisir, un amusement. Le Français sait nager dans le vin, l'Allemand n'a pas ce talent, et quand la bouteille est profonde, il s'y noie facilement. L'Allemand ivre perd la tête, le Français ivre perd le sentiment. L'ivresse qui rend les Allemands sincères et intraitables rend les

Français doux et condescendants. Quand l'Allemand a bien bu, il a une patrie, il a des sentiments publics; les anciens Germains tenaient leurs assemblées nationales dans l ivresse. Si tous les Allemands étaient ivres trois jours de suite, ils seraient libres pour toujours; si tous les Français l'étaient trois jours seulement, ils perdraient leur liberté pour longtemps. Dans l'ivresse, les Allemands oublient leur amour pour leurs dominateurs, et les Français leur haine contre eux.

Les chansons à boire des deux nations diffèrent entre elles comme leurs vins. Dans celles des Allemands, c'est l'homme déjà ivre; dans celles des Français, c'est un homme buvant qui chante. Quand un Allemand chante : *Versez-moi à boire!* il a déjà trop bu.

LADWICH BŒRNE.

UNE ÉTUVÉE.

Fi, de la matelotte... honneur à l'étuvée !
    Je veux la chanter dans mes vers,
Et les dédier à vous, qui l'avez conservée,
    Braves mariniers de Nevers.

Puisqu'on écrit encor, dans le siècle où nous sommes,
    Sur l'art de nous faire mourir.
Je crois qu'il est très-bon, de révéler aux hommes,
    Le secret de se bien nourrir.

Déjà, petit garçon, j'aimais les cuisinières,
    L'utile, pour moi, c'est le beau.
Approchez, cordons bleus, alertes ménagères,
    Venez entourer mon fourneau.

Vous avez, je suppose, une carpe dorée,
    Une tanche aux beaux reflets verts,
Une anguille d'eau vive, à la robe cendrée,
    Trois beaux poissons de goûts divers.

Écaillez et videz, ménagez la laïtance,
    Coupez le reste par tronçons.
Vous avez sous la main, j'en suis certain d'avance,
    Le plus brillant de vos chaudrons.

Mettez-y vos poissons, sel, poivre, ail une gousse,
    Avec un sentiment profond.
Baignez le tout de vin, pas de celui qui mousse,
    Du rouge, mais surtout du bon.

Suspendez le chaudron, au moyen de chaînettes,
    Ou bien sur un trépied de fer,
Préparez du bois sec comme des allumettes,
    Faites dessous un feu d'enfer.

Entretenez ce feu comme une autre vestale,
  Sinon, le tout serait perdu.
Chauffez, chauffez toujours... Ah! l'on sonne à la salle!
  Madame attendra... c'est connu.

Partout la flamme mord, et vient baiser la folle;
  Le vase en ébullition.
Voyez-vous au-dessus, cette rouge auréole,
  Comme du cuivre en fusion?

L'esprit s'est dégagé, vite saisissons l'heure,
  Procédons aux derniers apprêts.
Doucement... du sang-froid... allons, mettez le beurre,
  Un bon morceau, surtout très-frais.

Dix minutes encor, votre sauce se lie,
  Chauffez un peu, mais à feu lent.
Posez votre chaudron, sur la cendre rougie,
  Recouvrez-le d'un torchon blanc...

On a sonné!! portez à madame qui boude,
  L'étuvée... On n'est pas content,
Mais, on va se lécher les doigts, jusques au coude,
  Alors, vous aurez du talent.

C'est un serpent d'église, à la tête écarlate,
  Aux gros yeux blancs, au gros nez bleu;
Qui plus fort que le vent, s'enfle, mugit, éclate.
  Qui le premier m'a mis au feu!

Charles Jobey.

2 août 1854.

LES PORCHERONS ET RAMPONNEAU.

Une truellée au sas! on entend le grincement de la scie dans les pierres; les manœuvres gâchent le mortier, les Limousins montent les murs. Plus que jamais, Paris ressemble à une ville prise d'assaut par des maçons; adieu les vieux quartiers, et avec eux les vieux souvenirs!

Où étaient les Porcherons? Où demeurait le grand Ramponneau, prototype des cabaretiers, roi des guinguettes au xviiie siècle, dans cet âge exceptionnel, où le peuple philosophait en buvant, et où l'ivresse des idées s'associait avec celle du vin.

Suivez jusqu'au bout la rue de la Chaussée-d'Antin : c'était jadis le chemin de la Grande-Pinte, qualification bien plus sonore, bien plus récréative, que celle qu'on lui a substituée. Le chemin de la Grande-Pinte aboutissait à une longue route dont on a fait depuis les rues Saint-Lazare et des Martyrs; elle s'en allait en serpentant au pied des collines, entre des champs, des marais et des jardins, de Montmartre à la Petite-Pologne. Là se groupaient les principales guinguettes de Paris. Il y en avait bien d'autres à la Nouvelle-France, à la Courtille, au Gros-Caillou, à la Chaussée-du-Maine; mais les Porcherons étaient le vrai centre bachique de Paris, le rendez-vous des bons lurons, comme l'a dit Vadé, la capitale reconnue de la florissante république des buveurs.

Les guinguettes des Porcherons avaient toutes à peu près le même aspect, en entrant vous traversiez une immense cuisine où rôtissaient devant un foyer volcanique des langues de veau, des gigots, d'énormes quartiers de bœuf ou de mouton. Le grand salon qui contenait jusqu'à six cents personnes était bordé de tables, sur lesquelles s'amoncelaient des bouteilles, des pintes de plomb, des assiettes, vidées par les consommateurs avec une effrayante rapidité. Les danseurs occupaient le milieu de la salle. Des orages passagers grondaient parfois dans ces asiles de la joie. Deux rivales se rencontraient et se disaient des pouilles. — T'es-t-une pas grand'chose. — J'somme une honnête femme. — Tu veux m'*esbignonner* mon *personnier*. — T'en a menti! — Prends garde que j'te baille une *giroflée à cinq feuilles!* — Ose donc, j'te battrai comm'plâtre! — Quien? — Vlan! — Paffe! et les bonnets de voler, les chevelures de flotter au vent, les **coups** de pleuvoir. Les hommes s'en mêlaient, le guet accourait, se frayait un passage à coups de crosse, s'emparait des pertubateurs, *gantait* avec des cordes les plus récalcitrants; et, la tranquillité étant rétablie, les contredanses recommençaient.

Jean Ramponneau, le fameux cabaretier, était un débitant de la Courtille, qui vint vers 1760, s'établir aux Porcherons, en face de la barrière Blanche; son cabaret était un caveau décoré d'une treille peinte et d'une enseigne qui représentait le maître du logis à califourchon sur un tonneau; il triompha de tous ses concurrents par son humeur joviale, ses saillies, et surtout par le parti qu'il prit de vendre le vin trois sous et demi la pinte au lieu de six sous. Sa réputation était telle, qu'on avait fait de son nom le verbe *ramponner* (boire outre mesure), et que Gaudon, montreur de marionnettes, lui proposa douze francs par jour, à la condition de paraître pendant trois mois sur son théâtre. Les jansénistes firent un scrupule à Ramponneau de se produire sur la scène; ils lui dirent que Tertullien avait écrit contre la comédie, qu'il ne devait pas prostituer sa dignité de cabaretier, qu'il y allait de son salut. La conscience de Ram-

ponneau fut alarmée, il avait reçu de l'argent, il ne voulut pas le rendre de peur de se damner. Il y eut procès. Voltaire en fit à ce propos une facétie intitulée : *Plaidoyer de Ramponneau, prononcé par lui-même devant ses juges.* Après avoir entendu maître Élie de Beaumont, demandeur, et maître Coquelcy de Chaussepierre, défendeur, la Cour renvoya des fins de la plainte l'illustre cabaretier, plus glorieux et plus populaire que jamais. On ne s'entretint que de lui; on porta des chapeaux à la Ramponneau, des robes à la Ramponneau; on fit queue pour le voir; et Voltaire assure que des princes même lui rendaient visite. « L'année 1760, dit la correspondance de Grimm, est marquée dans les fastes des badauds en Parisis par la réputation soudaine et éclatante de Ramponneau. »

Les gens de cour n'étaient pas fâchés de s'encanailler parfois, de voir de près la foule laborieuse dont ils avaient vaguement entendu parler; ils allaient aux Porcherons comme on va à un voyage de découvertes; mais les intrus étaient souvent mal accueillis; ils couraient risque d'être appelés *farauds, échappés de Bicêtre, huissiers du diable, mines de polichinelles, restants de la bande à Cartouche*, ou *marionettes de pilori*. Des courtisanes élégantes, en venant étaler leur luxe au cabaret, y trouvaient quelquefois des figures de connaissance, et il en résultait, comme dit une vieille chanson, mainte réjouissante aventure :

> Qui doit apprendre à ben des filles
> Qui vont chez Ramponneau fair' les gentilles,
> A n'pas mépriser les p'tit' gens,
> D'peur d'y rencontrer d'leux parents.

De 1771 à 1773, des changements notables s'opérèrent dans le quartier de la Grande-Pinte. On perça les rues d'Artois et de Provence; on améliora l'état de la rue Chante-Reine, que le peuple appelait Chantrelle. Elle continuait la rue des Postes, qui devait son nom aux postes de commis établis par la ferme générale, et toutes deux, dans les plans du xviie siècle, sont désignées sous l'humble titre de *Ruellettes aux marais des Porcherons*. Ces transformations furent peu nuisibles à la prospérité des cabarets; mais en 1784, on commença à élever l'enceinte actuelle de Paris, d'après le projet du fermier général Lavoisier, qui voulut, dit-on, *mettre Paris dans une cucurbite, dont la caisse des fermes serait le récipient*. En 1786, malgré les réclamations des intéressés, fut construite la partie des murs qui avoisine la butte Montmartre; et le vin des Porcherons devenant dès lors sujet aux droits d'entrée, les cabaretiers du lieu firent successivement faillite, ou émigrèrent vers Batignolles. Quelques années plus tard, les Porcherons avaient disparu!

E. DE LA BÉDOLLIÈRE.

ANECDOTES VINICOLES.

L'ivrogne et le sultan (1).

Amurat IV, empereur des Turcs, est le premier sultan qui se soit enivré. L'événement qui le porta à aimer le vin mérite d'être raconté. Un jour il rencontra sur la place publique un homme tellement ivre qu'il chancelait sur ses jambes et se plaignait de trouver le chemin trop étroit. Ce spectacle nouveau frappe le sultan qui s'arrête à le considérer.

— Passe ton chemin, lui dit l'ivrogne.

— Sais-tu, misérable? que je suis le sultan, répond Amurat indigné.

— Et moi, reprend le turc, je suis Bœri-Mustapha. Si tu veux me vendre Constantinople, je l'achète : tu seras alors Muatspha et je serai sultan.

— Acheter Constantinople! es-tu fou? s'écrie le sultan.

— Ne raisonne pas, dit aussitôt l'ivrogne, car je t'achète aussi, toi qui n'es que le fils d'une esclave.

Amurat, à ces mots, fait conduire Bœri dans son palais, afin de voir par lui-même ce qu'il resterait dans quelque temps à cet homme de transport. On laissa dormir Mustapha dans le lieu où on l'avait conduit, et à son réveil il fut saisi d'étonnement de se trouver dans une chambre toute dorée. Alors on lui raconte son aventure et le discours qu'il a tenu au sultan. Le pauvre homme s'attend à être empalé et demande pour toute grâce qu'on lui apporte une bouteille de vin. A peine l'a-t-il obtenue que l'empereur le fait appeler; il cache précipitamment sa bouteille sous ses vêtements et se laisse ainsi conduire aux pieds du sultan.

— Eh bien! lui dit Amurat, veux-tu encore m'acheter Constantinople?

Bœri-Mustapha, tirant alors sa bouteille, lui répondit : — O empereur! voilà ce qui m'aurait fait acheter hier Constantinople, et si tu possédais la richesse dont je jouissais alors, tu la préférerais à toute ta puissance... Si je dois mourir pour t'avoir offensé, ah! du moins, ne me sépare pas de cette divine liqueur qui me fera regarder avec joie les apprêts de mon supplice.

Amurat voulut par curiosité goûter ce précieux breuvage : il en but un grand coup. L'effet fut prompt sur une tête qui n'avait jamais senti les vapeurs du vin, et l'humeur du sultan devint si gaie qu'il avoua n'avoir jamais été si heureux.

Loin de faire punir Mustapha, Amurat voulut alors le retenir auprès de lui et le nomma son conseiller intime. Depuis ce jour, le maître et le serviteur s'enivrèrent constamment ensemble, et, à la mort de Mustapha, le sultan le fit enterrer avec une grande pompe : il lui éleva un mausolée représentant un cabaret au milieu des tonneaux.

La barrique.

Pendant la guerre de 1672, une femme qui vendait du vin à l'armée de Hollande, criait de toute sa force : « A cinq sous mon bonvin! à cinq sous! » Elle commençait ainsi à vendre sa provision, quand elle entendit tout à coup derrière sa tente une

voix qui criait : « A quatre sous mon bon vin , à quatre sous! »
Hélas! se dit la bonne femme, voilà un misérable qui est venu
se camper près de moi pour m'ôter tous mes chalands. En effet,
chacun courait au meilleur marché. Enfin, la malheureuse après
s'être bien lamentée, voulut se consoler en buvant un coup de
sa liqueur, mais elle n'en trouva plus une goutte dans son tonneau. Or, voici ce qui était arrivé. Un soldat avait trouvé le
moyen de percer la barrique de l'autre côté de la tente, de sorte
qu'en vendant le vin meilleur marché, il avait tout débité avant
que la vivandière se fût aperçue du tour.

Le lit de l'ivrogne.

Conte.

Pour boire, un pauvre mercenaire
Avait vendu le peu qu'il possédait.
Un matelas cependant lui restait;
   Il allait encor s'en défaire.
Un sien ami lui fit à ce sujet la guerre.
   L'ivrogne en souriant, lui dit:
   « Tu déraisonnes, camarade.
Comment! tu veux que je garde le lit
Lorsque je ne suis point malade? »

A. Martin,

La force du vin.

Le poëte Lessing s'enivrait fréquemment. Un jour que l'excès
de la boisson ne lui permettait pas de se soutenir sur ses pieds,
il chancela et tomba au milieu d'une rue. On riait de l'aventure;
mais lui, sans se déconcerter, apostropha ainsi les railleurs :
«Le vin est plus fort que l'eau, ses ennemis même en conviennent. L'eau renverse les maisons, elle fait tomber les chênes;
pourquoi donc s'étonner que le vin m'ait jeté par terre? »

Épithaphe d'une vieille buveuse.

Passant, ci-gît la vieille Macaride,
Au rouge nez, au teint toujours humide,
Et qui buvait du soir jusqu'au matin.
Sans aucune douleur elle quitta sa fille,
Son fils, son gendre et toute la famille;
Son seul regret fut de quitter le vin.

Le vin changé en eau.

Un procureur fort avare, et qui ne donnait que de l'eau à boire à ses clercs, alla passer quelques jours à la campagne. Les clercs, mettant à profit cette absence, s'introduisirent dans la cave et défoncèrent une pièce de vin qu'ils burent jusqu'à la dernière goutte; aussitôt après ils la remplirent d'eau, et l'un d'eux laissa cette inscription sur le tonneau :

Aux noces de Cana
En vin l'eau se changea;
Mais chez maître Isabeau
Le vin se change en eau.

Le placet.

M. le premier président de Bélièvre était un homme d'esprit qui aimait la bonne chère et se piquait d'avoir le meilleur vin de Paris. Un jour sortant de la grand'chambre, il fut abordé par messieurs de Fiesque, de Jonsac et Manicamps qui lui présentèrent un placet ainsi conçu : « Nous supplions très-humblement Monseigneur le premier président de vouloir ordonner à son maître-d'hôtel de nous délivrer six bouteilles de son excellent vin de Bourgogne, que nous comptons boire ce soir à la santé de Sa Grandeur. » M. de Bélièvre, sans se déconcerter, prit le placet, et, tirant un crayon de son carnet, il écrivit au bas : Bon pour douze bouteilles, attendu que je m'y trouverai.

La harangue.

Louis XIV passant par Reims, en 1668, fut harangué par le maire qui, lui présentant du vin de Champagne et des poires de Rousselet sèches, ne prononça que ces mots : « Sire, nous apportons à Votre Majesté notre vin, nos poires et notre cœur, c'est tout ce qu'il y a de meilleur dans notre ville. » Le roi lui frappa aussitôt sur l'épaule et lui dit : « Voilà comme j'aime les harangues ! »

Vœu suprême de Taconnet.

Taconnet, comme l'on sait, mourut à l'Hôtel-Dieu. Quelques instants avant qu'il rendît l'âme, un de ses amis ivre vint le voir.

— Qu'as-tu donc? lui dit Taconnet, d'une voix éteinte.

— Ah! mon ami, je viens de faire un déjeuner...

— Y avait-il des huîtres?

— Excellentes!

— (Jetant un profond soupir.) Il y avait des huîtres !

— Et des pieds de cochon, ajouta l'ivrogne.

— Et des pieds de cochon! répéta Taconnet; puis il ajouta : Et le vin était-il bon?

— Délicieux!

— Ah! mon ami, que tu es heureux d'avoir fait un si bon déjeuner! Une pareille orgie m'aurait sauvé... Que tu sens bon le vin! Tiens, mon ami, rends moi un dernier service.

— Mais, tu vois bien que je ne peux pas me remuer.

— Ah! je t'en supplie, rote-moi dans la bouche... Et il expira.

La caisse d'épargne.

Comment bois-tu tant, disait-on à un ivrogne, et surtout pourquoi vas-tu ainsi te griser à la campagne? — C'est par économie, répondit-il. — Etrange économie, en vérité, tu uses tes souliers pour aller dépenser ton argent. — Écoute, reprend l'i-vrogne : A Paris, le vin coûte douze sous; à la campagne il n'en coûte que huit. Or, si je bois un litre, je gagne quatre sous; si j'en bois deux, j'économise huit sous, et ainsi de suite. De cette manière il m'arrive quelquefois d'épargner quarante sous en un jour.

La vigne de Goudouli.

Godolin, ou plutôt Goudouli, est le Virgile du midi de la France. Il a écrit dans le langage toulousain, et l'on pourra juger de son goût pour le vin par cette seule pensée extraite de ses admirables poésies :

> B'a pauc de sen qui t'aygassejo,
> Blousso liquou del Diu brautous.

> Il a bien peu de sens celui qui te mêle avec l'eau,
> Pure liqueur du Dieu barbouillé.

On lui reproche, comme au bon homme La Fontaine, d'avoir mangé son bien avec le revenu. Or, un jour qu'il voulait vendre une de ses vignes, un de ses amis, Mathelin Taillasson, roi des violons de France, tenta de lui prouver qu'il avait tort de se dé-faire ainsi peu à peu de ses propriétés. Il fit observer au poëte qu'il courait à sa ruine, et, pour mieux le toucher, il lui parla de l'excellence du fonds qu'il possédait, du bon vin qu'il récoltait dans cette vigne ; en un mot il employa tous les moyens propres à le faire changer de détermination. Après un long discours dans ce sens, Mathelin croyait avoir détourné Goudouli de son projet, quand celui-ci répondit froidement : « La belle propriété, en effet ! Mais que veux-tu donc que je fasse de cette vigne ? il y pleut comme dans la rue. »

La cruche percée.

Un buveur riche, avare et bête, ayant une cruche d'excellent vin, la cachent, son valet fit un trou par-dessous et commença à en boire le vin. Le maître ayant décacheté la cruche un jour qu'il traitait ses amis, fut fort surpris de voir son vin diminué sans en pouvoir deviner la cause. Quelqu'un lui fit alors remarquer qu'on pouvait l'avoir tiré par-dessous. « Allons donc! dit-il, ce n'est pas par-dessous qu'il en manque, c'est par-dessus! »

Trois contre un.

Un portefaix de Toulouse, nommé Penavayre, et que l'on avait surnommé le *Noubel Goudouli* à cause de son goût pour la poésie, passait rarement un jour sans s'enivrer. Chacun se plaisait à lui payer à boire, afin de l'entendre réciter ses chansons. Certain dimanche qu'il avait fêté Bacchus outre mesure, il s'élança tout à coup hors du cabaret, en s'écriant : « Au secours! au secours! au secours! trois contre un! c'est affreux! » On le pria de s'expliquer. « Hé oui! dit-il, le vin blanc, le vin rouge et le vin clairet que j'ai bus; voilà trois ennemis qui me déclarent la guerre. Ils sont entrés dans ma maison, et s'ils continuent à la ravager, je serai forcé de les jeter par la fenêtre. »

Dans les *Troqueurs*, opéra-comique de Vadé, des buveurs crient : « Garçon! du même, et qu'il soit meilleur. »

Deux ivrognes se rencontrent : « D'où venez-vous donc, père Jérôme, dit l'un d'eux, du cabaret? — Vous n'avez jamais que de jolies choses dans la bouche, répond le second. »

Dans le *Sculpteur*, Duciseau, le plus intrépide des ivrognes, ayant une dispute avec un de ses camarades, lui dit : « Tiens, je te tourne le dos comme à une fontaine. »

Dans *Vadé à la Grenouillère*, l'amoureux promet à sa future de ne plus boire. « Ah ! ma mère, dit Fanchonnette, il promet de se retirer du vin. — Oui, répond la maman, comme ton père, pour se jeter dans l'eau-de-vie. »

———

Du temps d'Athénée, disait un jour un homme du monde, le vin était le grand cheval des poëtes ; il paraît qu'aujourd'hui ces messieurs écrivent leurs poëmes à pied, car il n'est pas possible d'en lire un seul jusqu'au bout.

Éugène Dauriac.

———

SAINT MARTIN ET SES DICTONS.

Si quelque conscience catholiquement timorée répugnait à adorer une divinité païenne, si Bacchus lui fait peur, nous avons de quoi la rassurer. Dieu merci, on ne manquera jamais de dieux ; d'ailleurs, à défaut de dieux, n'avons-nous pas les saints. C'est bien le diable si dans trois cent soixante-cinq bienheureux et bienheureuses qui s'enfilent les uns les autres dans les colonnes de l'almanach, nous ne trouvons pas un patron des buveurs. Grâce aux moines altérés, nous avons pour protecteur un saint qui en vaut bien un autre. Regardez-moi ce profil animé de la gloire de Dieu ; son teint trahit ses goûts ; quel œil luisant ! quelque chose fermente dans sa poitrine, quel guerrier au besoin ; mais quel cœur surtout, il partage son manteau, il en couvre les indigents ! Ce trait me suffit, cet homme était bon, donc il buvait ; il buvait, donc c'est un saint. Vive à jamais saint Martin !

Ne dirait-on pas en vérité, à voir seulement la date de la béatification, que ces bons moines regrettaient un peu, et pour cause, le temps où le vin avait son dieu. Croirez-vous que c'est le 11 novembre, justement le jour anniversaire de la *fête des Pressoirs* chez les Grecs, qu'ils s'imaginèrent de fixer la célébration de la fête du patron des buveurs. De sorte que voilà tantôt trois mille ans qu'à pareil jour, le genre humain trinque et s'enivre invité par ses cultes successifs à glorifier le dieu des vendanges. Quelle idée vinicole! Oh! vin, les dieux passeront, tes adorateurs ne passeront pas.

Et ce n'était pas une petite fête; ce jour-là le patron payait ses ouvriers, ajoutait un pour-boire, l'argent sonnait à plein

gousset, et l'on en marquait d'avance la destination en l'appelant le *vin de la Saint Martin.* Ce n'était pas une de ces fêtes où le liquide manque au broc, où l'oie manque à l'âtre; c'était, comme on disait il y a cinq cents ans, comme on ne dira jamais mieux, c'était une *fête à gueule.* Si l'un des buveurs roulait sous la table, il a *mal de saint Martin,* s'écriaient les convives. Et puis, bras dessus bras dessous, tous amis, tous frères, tous égaux comme Dieu nous fit, on rentrait au logis; et le lendemain, en pensant à la veille, l'on se disait l'un à l'autre en clignant de l'œil : *A la Saint Martin, on boit du bon vin.*

Alfred Bougeart,

Veretz, près Tours.

Paul-Louis, sur les hauts de Veretz, fait des choses admirables. C'est le premier homme du monde pour terrasser un arpent de vigne. Il amène, d'un bois non fort voisin de là, cinq cents charges de gazon ou terre de bruyère. Il la laisse mûrir à l'air, de temps en temps la vire, la remue avec cent à cent cinquante charges de fumier qu'il entremêle parmi. Puis, ouvrant une fosse entre deux rangs de ceps, il y place le terreau; sa vigne, au bout de deux ans, jeune d'ailleurs, et n'ayant besoin que d'aliments, se trouve en pleine valeur. Ainsi amendé, un arpent, pourvu qu'on l'entretienne avec soin, diligence, patience, peine et travail, produit au vigneron 150 francs par an, et, de plus, 1,300 francs aux fainéants de la cour. Le compte en est aisé.

Cet arpent donne quelquefois vingt-quatre pièces ou poinçons de vin aux bonnes années, quelquefois rien; produit moyen, douze poinçons, qui se vendent chacun 65 francs; somme, sauf erreur, 720 francs. Déduisez les façons, l'impôt, le coulage, l'entretien, la garde, le coût de ce terreau qu'il faut renouveler tous les cinq ans, vous trouverez net 150 francs pour le bonhomme.

Mais pour la cour, c'est autre chose. Ces douze poinçons vont à Paris, *où l'on en fait du vin de Bourgogne.* Ils payent à l'entrée 75 francs chacun; plus 10 francs de remuage, taxe de l'usurpateur devenue légitime; autant pour le droit de patente, et quatre fois autant d'avanies, qu'on appelle *réunies,* sans les autres faites par la police au marchand détaillant, plus 30 francs d'impôts sur le fonds, dont la valeur en outre, par droit de mutation, passe entière dans les mains du fisc tous les vingt ans. Comptez, et n'en oubliez rien : droit d'entrée, droit direct, droits indirects, droits réunis plusieurs ensemble, droit de mutation; c'est tout; faisant bien chaque année 1,300 francs pour les courtisans, au douze cent nonante six, que je ne mente!

Paul-Louis a dix arpents qu'il cultive et façonne de la sorte avec sa famille. Ces bonnes gens en tirent tous les ans, comme on voit, 1,500 francs dont ils vivent, et 13,000 francs pour la splendeur du trône. Ce sont les appointements du procureur du roi qui a mis Paul-Louis en prison, et l'y remettra pour avoir fait ce calcul.

PAUL-LOUIS COURIER,
Vigneron de la Chavaunière.

REMÈDE NOUVEAU CONTRE LE CHOLÉRA.

Un moyen préventif du choléra, certain d'enrayer son invasion, nous paraît digne d'attention; appuyé sur de nombreuses preuves de guérisons, pénétré de l'utilité de donner un aperçu de cette maladie, nous indiquons ce qui suit afin de s'en prémunir.

Parmi les causes multiples du choléra, la peur peut compter pour une des principales; la peur est sans contredit le plus puissant laxatif qui agisse de la manière la plus ardente sur toute l'étendue du tube digestif.

Ce phénomène une fois produit, ces résultats commentés et toujours très-mal connus du public, impressionnent plus ou moins sensiblement les individus soumis à son influence en déterminant des effets analogues à ceux qui peuvent être communiqués par le fluide électrique, dont les secousses plus ou moins fortes et les dangers qui peuvent en résulter dépendent de la dose d'absorption du fluide. Selon la nature des personnes, l'influence morale de la peur détermine des désordres nerveux que l'homme, dans toutes les conditions de la vie, peut maîtriser en effet.

Secondé par l'intelligence aidée de nombreux faits prouvant que le mal qui règne passagèrement puise ses éléments morbides dans l'ébranlement donné au système nerveux, soit par la peur, soit par une mauvaise hygiène, soit par les diarrhées ordinaires, il est possible d'affirmer que celui qui vit dans les lois hygiéniques et dans la connaissance intime de la vérité sur cette affection, a toutes les chances possibles de l'éviter.

On sait qu'à la saison des fruits rouges, et notamment dans les années pluvieuses, les fruits trop aqueux, conséquemment trop débilitants pour contenir dans leurs éléments les principes d'une bonne nutrition, deviennent relâchants et énervants.

Si la peur, aliment dangereux, s'empare du malade déjà énervé ou fatigué par une mauvaise digestion, peu d'instants après, selon l'influence où il se trouve, la lutte commence. Combat suprême où s'usent les forces du patient, est-elle courte! S'il est soutenu par l'énergie morale et par l'usage de stimulants appropriés, un prompt rétablissement s'opère; est-elle un peu trop longue, toute résistance nerveuse cesse, et ses résultats définitifs sont bientôt connus dans les annuaires de mortalité.

Or donc, pour résumer dans cette grave circonstance, nous disons que, contre cette affection essentiellement morale, il faut agir en même temps sur l'état physique et moral des sujets atteints.

Pénétré de cette vérité, nous sommes désireux de soumettre au jugement des hommes spéciaux cette conviction acquise dans des jours néfastes.

A l'appui de nombreuses observations, nous donnons la recette d'une liqueur anti-cholérique très-stimulante, facile à obtenir, dont l'action et les bons effets sont d'ailleurs appréciables par les substances qui la composent.

Essence de menthe pure	6	gouttes
Teinture de safran	6	grammes
Teinture aromatique de quina	15	»
Alcool de vin à 33°	60	»
Sirop de sucre	60	»
Eau	100	»

Un verre à liqueur tous les quarts d'heure pour conjurer les choléras violents; contre les cholérines, diarrhées, dérangements d'estomac et d'intestins; même quantité comme liqueur de table après les repas, pour rétablir les digestions.

Léchelle.

HYGIÈNE DE SANTÉ.

Bien des indispositions, légères en apparence, peuvent devenir tout à coup sérieuses faute d'attention. Il ne sera donc pas inutile de trouver ici pour tous les cas d'accidents, en attendant la présence d'un médecin, des conseils domestiques pour les premiers soins à donner aux personnes souffrantes.

COLIQUES D'ESTOMAC ET D'INTESTINS.

On emploiera avec avantage les calmants et les stimulants antinerveux : les plus efficaces sont l'Eau de Mélisse, la liqueur d'Hufland, l'Éther ou le sirop d'Éther, pris à la dose de dix à quinze gouttes, sur du sucre ou dans un peu d'eau. Si les douleurs persistaient, on prendrait en une seule fois deux cuillerées d'huile d'Olive mêlée à du sirop de Gomme et à de l'eau de fleurs d'Oranger.

NAUSÉES, DÉGOÛT, MAUX DE CŒUR.

On emploiera avec succès les pastilles de Magnésie et de Menthe, celles de Vichy, la liqueur d'Hufland, l'esprit de Menthe et les infusions de Thé d'Amérique, de fleurs d'Oranger et de camomille.

NÉVRALGIES, MIGRAINES, MAUX DE TÊTE.

Dans tous les cas on aura recours aux antinerveux, on respirera du Carbonate d'ammoniaque, des Sels; on exercera des frictions sur toute la région de l'estomac avec de l'Eau sédative, et on tiendra appliqué sur le front, pendant vingt minutes, un linge imbibé de Névrosine. A l'intérieur on prendra dix gouttes de ce produit sur du sucre ou dans des infusions de Curaçao, de fleurs d'Oranger, de Valériane, etc. Après ces divers moyens, les lavements vermifuges de Raspail auront le résultat le plus favorable. Enfin, on prendra après quelques pastilles ou grains de santé au moment des repas.

HÉMORRHAGIES EN GÉNÉRAL.

Le principe de la vie *est dans le sang*. Aussi, lorsque par accident ou toute autre cause, ce fluide circule mal, quand il se fait jour à travers les organes, quand il ne pénètre plus les divers rameaux des veines, il occasionne des hémorrhagies ou la stagnation du sang, maladies contre lesquelles on emploie les hémostatiques; l'Eau de Léchelle, popularisée par ses bienfaits, doit être conseillée et administrée dans les circonstances suivantes : blessures, plaies contuses et saignantes, luxation, entorse et autres cas, tels que crachats sanguinolents, saignements de nez, dyssenterie et pertes, etc.

Toute personne blessée ou voulant se rendre utile pourra, dans un cas d'urgence, à l'abri de toute crainte, appliquer cette Eau hémostatique, rien n'est plus simple.

PERTE, CRACHEMENT ET VOMISSEMENT DE SANG.

Lorsque le sang se répand en abondance, par les orifices naturels, la bouche, le nez, les intestins, on l'arrête par des compresses d'eau froide arrosées d'Eau de Léchelle, qui seront souvent réitérées et maintenues humides sur le trajet des organes d'où provient l'hémorrhagie. Toutes les vingt minutes on en boira aussi une cuillerée à soupe.

BLESSURES ET BRULURES.

Les premiers soins à donner dans un cas de chute, brûlure et blessure d'où le sang jaillit, consistent à panser la plaie excoriée ou contusionnée avec l'Eau de Léchelle pure, contenue dans de la charpie maintenue par un bandage bien serré. Selon la gravité du mal, on lavera la figure avec le même liquide mêlé à du vinaigre.

LUXATION DES MEMBRES, ENTORSES, FOULURES, DÉPLACEMENT ET TIRAILLEMENT DES MUSCLES ET DES NERFS.

Quand un membre est démis ou luxé, lorsqu'il y a déviation ou rupture des vaisseaux, des muscles ou des nerfs, on s'empressera de replacer les organes dans leur position naturelle, alors on maintiendra constamment sur les jointures ou articulations des linges mouillés d'une partie d'Eau de Léchelle pour quatre d'eau très-froide afin de combattre toute l'inflammation. La promptitude de la guérison résultera du renouvellement fréquent des compresses. Même moyen dans les cas de fractures des membres qu'il faut tenir dans l'immobilité la plus absolue, en attendant la présence du chirurgien.

Pour continuer nos conseils hygiéniques, si tout ce qui précède ne suffisait pas pour vous maintenir en joie et santé, nous vous conseillons de vous diriger Cité d'Antin, 8, chez notre ami Courrant, et de vous soumettre à son régime d'électricité : c'est le guérisseur par excellence. Nous ne suffirions pas à vous donner le nom de tous ceux qu'il a touchés, qui sont partis complétement guéris et qui ne cessent de le bénir.

Maintenant, si vous voulez employer des moyens plus énergiques, dirigez-vous chez M. E. Larieu, rue des Petites-Écuries, 44, et là, achetez plusieurs paniers de vin chez ce seul et unique propriétaire du château Haut-Brion ; buvez et vous m'en direz des nouvelles.

Voulez-vous agir plus énergiquement encore, partez pour le château de Mareuil en Champagne, demander le joyeux propriétaire du lieu, M. A. de Montebello, achetez-lui plusieurs milliers de paniers de son champagne de l'année 1846, sans vous préoccuper du prix ; faites transporter le tout dans une bonne cave, et, chaque jour que le bon Dieu fera, buvez à jeun, buvez à midi, le soir et en vous couchant, la valeur de cinq à six bouteilles environ ; et si la maladie ne quitte pas la place, alors prenez-vous-en à Mme veuve Clicot ou à votre mauvais estomac.

LE CABARETIER PARISIEN.

Le franc cabaretier n'est pas gargotier, ne l'oubliez pas, Messieurs ; il ne vend que du vin et du cognac. C'est un gaillard solide à larges épaules, l'œil malin, cou court, grosse tête, cheveux ras ; ne se servant pas plus de chapeaux que de lunettes ; toujours debout, en bras de chemise bien blanche, les deux mains sur ses brocs, prêtes à verser, avec grâce, une tournée de petit blanc ou de rouge ; allant, venant, activant ses garçons du geste et de la voix ; ne refusant jamais de trinquer avec ses pratiques ; courant le lundi matin chez le commissaire réclamer les ivrognes qu'il a fait mettre au violon le dimanche soir. Du reste, homme patenté, jouissant sans orgueil d'une haute considération dans son quartier; sergent dans sa compagnie ou sapeur s'il est ventru; portant au gousset une montre superbe ornée d'une chaîne d'or et de breloques qui se balancent comme un pendule. Obligeant à l'excès, il sert toujours de témoin pour mariage, baptême ou passe-port, et n'a jamais manqué un enterrement. Pour les graves cérémonies, à l'heure de partir, il endosse un habit noir qui le gêne et l'agace odieusement, vêtement d'apparat qu'il se hâte de retirer dès que les convenances le lui permettent; alors il le porte sous le bras bien avant de rentrer chez lui. Il n'est pas rare qu'il ait un horloger pour voisin, que leur boutique soit même côte à côte; et pourtant la gente ouvrière entre toujours chez lui pour s'enquérir de l'heure. C'est que le cabaretier est l'horloge parlante de ces travailleurs qui ne savent pas déchiffrer l'heure sur un cadran.

Maintenant que l'esquisse de cet honorable débitant commence à vivre sur notre toile, nous allons la placer dans sa bordure pour achever de le peindre si nous pouvons. La bordure, c'est la boutique, dont la façade est embellie de peintures, qui souvent valent bien certains tableaux du Salon : ici, vous voyez Monsieur Bacchus à cheval sur son tonneau et couronné de pampres; là, le petit Ganimède, jeune blond nu comme un ver, qu'on prendrait de loin pour une demoiselle, tant il met de grâces à verser un canon à Jupiter; des vignes feuillues avec grappes dorées enlacent ces divinités païennes. Cette boutique est ouverte à tous vents; comptoir à auge en étain brillant, brocs et mesures de même métal. On y voit aussi quelques bouteilles d'élite pour les gourmets, les fins connaisseurs. Derrière le comptoir est placée une glace de moyenne grandeur; de chaque côté de cette glace sont superposées des tablettes en verre garnies de flacons de cristal pleins d'eau-de-vie ou de rhum. À droite du comptoir est adossée une boîte sans couvercle contenant des pains longs et fendus. A gauche, il y a un tambour en bois qui masque l'escalier de la cave quand il donne sur la rue. Lorsque cet espèce de grand soupirail n'est pas occupé par un repasseur de couteaux, un retapeur de chapeaux ou un bijoutier en vieux pour chaussures, le cabaretier trouve le moyen de placer sur la fenêtre qui le surmonte un jardinet embelli d'un jet d'eau filiforme; d'un bassin où frétillent des ablettes sauvées par miracle de la friture. Au-dessus du bassin, une volière pleine d'oiseaux qui gazouillent gaiement; le tout couronné de cobœas, clématites et pois de senteurs qui grimpent et contournent les barreaux en fer de la fenêtre, s'épanouissant çà et là. Si le cabaretier a plus de penchant pour l'ornithologie que pour la botanique, il a placé à la hauteur de sa tête, dans l'intérieur de la boutique, son favori, un beau chardonneret, pauvre petit galérien qu'une chaîne retient, qui puise son eau dans un puits au moyen d'un seau garni de sa chaîne, soulève une trappe qui arrête sa graine, fait des mines et se pavane devant une glace grande comme un verre de montre. Sa jolie maîtresse allège sa peine en lui donnant un morceau de sucre, une cerise ou une fraise. Cette qualification de jolie, que nous donnons à la marchande de vins, n'est pas un mensonge; quelques-unes même de ces dames sont citées comme des beautés. Avenante, mais sévère dans sa tenue, la cabaretière vient s'asseoir de bonne heure au comptoir et se retire avant la nuit, car après huit heures, à la sortie des ateliers, les tables se garnissent et les têtes s'échauffent.

Avant que de pénétrer dans la salle commune, entrons d'abord dans le cabinet réservé du marchand de vins. Ce cabinet est ciré à fond et brillant de propreté; il y a une pendule dorée sur une cheminée à la prussienne, et au mur est pendu un tableau à musique; le panier à l'argenterie flâne de la table à l'armoire, qui est toujours ouverte; on comprend que dans ce *sanctum sanctorum* on n'admet que des intimes, des huppés du quartier. Un seul exemple suffira pour prouver le fait que nous avançons :

Un soir, dans un quartier populeux, deux messieurs entrèrent chez un marchand de vins pour boire bouteille; c'étaient des gens comme il faut, des habitués de la maison; le cabaretier les introduit dans son cabinet réservé. Le garçon se présente sur le seuil : une bouteille de bon crû est demandée et apportée aussitôt; mais quelle affreuse grimace vient de faire l'un de ces messieurs, il crache à six pas, appelle à haute voix le garçon.

— Quel est ce vin, dit-il, quel est ce vin? Le maître de la maison accourt, se confond en excuses, le garçon s'est trompé, c'est impardonable; il a donné à ces messieurs la demi-bouteille restant du déjeuner d'un vieil employé chez un huissier du voisinage. Une bouteille poudreuse est apportée à la hâte ; le bouchon est scientifiquement tiré ; la liqueur vermeille coule, le monsieur boit, il sourit, il est désarmé ; le marchand de vins fait le plongeon et se retire en laissant échapper à demi-voix ces seuls mots : 1834, Saint-Emilion première !

Entrons maintenant dans la salle, c'est la plus grande pièce de l'établissement, elle est illustrée par un poéle en fonte à pommes de cuivre, qui a l'air de jouer aux quatre coins avec les tables. Ces tables sont en chêne et couvertes de nappes grises garnies de salières jumelles en terre de pipe ; bancs en bois comme à l'école ; un bec de gaz à flamme libre en éventail éclaire assez bien. Le cabaretier tient cette salle dans un état de nudité extrême, afin d'éviter la casse. Une bouteille est payée par le consommateur au moment où le garçon la dépose sur la table. Dans Paris, cette règle n'est plus aussi strictement suivie qu'autrefois ; mais chez les marchands de vins de la banlieue elle est toujours en vigueur. Trois fois par jour, si le fonds est achalandé, cette grande salle est pleine d'ouvriers de toute espèce. A neuf heures, à deux heures et à huit heures, il y a foule, on se presse, c'est un brouhaha à ne pas s'entendre. Surtout le samedi soir, jour de paye, des marchands d'habits, de casquettes, des petits merciers ambulants, des pâtissiers, des lingères, vont de table en table offrir leurs marchandises. Les jeunes mères suivies de leur marmaille se hâtent de mettre la main sur l'argent de la paye avant qu'elle s'éparpille. Dès qu'elle est assise elle dépose l'enfant qu'il allaite sur la table, tient serré dans son giron celui qui commence à marcher et qui finit par s'asseoir sous la table, pendant que les plus forts gambadent autour d'elle. D'une main elle prend un bonnet et de l'autre une cravate, qu'elle marchande longuement ; le mari, ennuyé du débat, paye et la femme crie : un joueur d'orgue qui tourne sa manivelle l'accompagne. Dans cette salle commune tous les métiers sont réunis ; là est un mitron en jupon et en serre-tête, tout blanc de farine, vrai portrait de Deburau ; il se hâte de souper pendant que le four chauffe, ses levains sont prêts et sa pâte lève. Ici est assis un tourneur en cuivre tout vert de limaille, à ses côtés est un doreur dont la face est pailletée comme l'habit d'un marquis. A cette table sont des Auvergnats, la bête noire de l'ouvrier parisien, qui déteste cette race sordide et rapace : ces enfants du Puy-de-Dôme soupent d'un certain fromage dont l'odeur ferait reculer un Allemand; des peintres en bâtiments, des forgerons, des taillandiers, festoient avec une oie grasse. Les garçons charcutiers apportent des jambonneaux, des côtelettes aux cornichons; les litres se succèdent rapidement. C'est alors que le cabaretier apparaît, il va de table en table, offre une prise par ici, se présente à cette famille, pince l'oreille à l'un des enfants, tout en tenant un propos galant à la mère. Il est grand pacificateur de toutes les querelles naissantes; son coup d'œil jeté, sa tournée faite, il retourne en hâte à son comptoir, qui est encombré de buveurs. Enfin minuit sonne, les ivrognes retardataires sont mis en porte lestement; la boutique se ferme, le cabaretier compte sa recette pendant que les garçons rangent et balayent. Sa journée est finie.

Le cabaretier fait quelquefois fortune, il devient alors marchand de vins en gros et ouvre d'autres caves.

— Les deux plus beaux enterrements que nous ayons vus à Paris depuis vingt ans, sont ceux de Paul Niquet et du marquis de Las Marismas, tous deux marchands de vins.

— Les variétés de cabaretiers sont nombreuses à Paris, la grande ville; ce serait une étude curieuse à faire pourtant; mais notre cadre restreint ne nous le permettant pas, contre notre gré, il a fallu nous en tenir à ne peindre que le type de cette famille.

Aussandon.

LE PRESSOIR.

Sans doute elles vivaient, ces grappes mutilées
Qu'une aveugle machine a sans pitié foulées !
Ne souffraient-elles pas lorsque le dur pressoir
A déchiré leur chair du matin jusqu'au soir,
Et lorsque de leur sein, meurtri de flétrissures,
Leur pauvre âme a coulé par ces mille blessures?
Les ceps luxuriants et le raisin vermeil
Des coteaux, ces beaux fruits que baisait le soleil,
Sur le sol à présent gisent, cadavre infâme,
D'où se sont retirés le sourire et la flamme !
Mais, ô vigne, qu'importe ! à la clarté des cieux
Nous nous enivrerons de ton sang précieux !
Que le cœur du poëte et la grappe qu'on souille
Ne soient plus qu'une triste et honteuse dépouille,
Qu'importe, si pour tous, au bruit d'un chant divin,
Ruisselle éblouissant le flot sacré du vin !

Théodore de Banville.

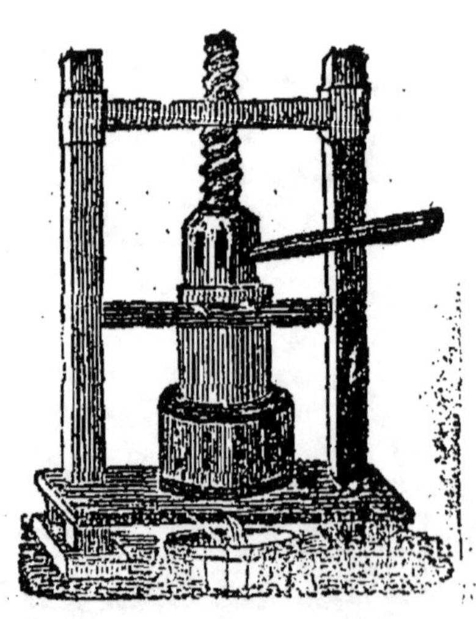

INTER POCULA

FANTAISIE RABELAISIENNE.

Vous tous, buveurs de la prime cuvée,
Joyeux gautiers, goûteux de franc aleu,
Oyez-moi-cy! car ma langue abreuvée
Jà moult tretourne en mon palais en feu,
Et tôt n'aurai, vu le bachique jeu,
Verbe debout ne plus teste levée.
Ains vîtement et congrûment oyez
Propos aucuns tout de ris enjoyés!
Ne sont pourtant chansons, je vous affie,
Mais bellement mots de philosophie,
Grands débrouilleurs de problèmes subtils,
Tous échevaux dont s'enmeslent les fils,
Depuis ceux temps qu'à l'arbre de science
Eve cueillit la pomme en paradis.
Oyez plutôt, mes gentils gars! — Je dis.

Holà! Minerve, à moi ta sapience!

« Sotte est la vie et sotte aussi la mort.
« Dieu qui fit l'une et l'autre eut moult grand tort. »
Cetuy penser à l'humaine fiance.
De jour, de nuit, du matin comme au soir,
Chacun le meût en fièvre et désespoir.
Méchant labeur et besogne vilaine
Qu'ainsi passer son temps à Dieu honnir.
Mieux nous serait à tous de le bénir

Jusqu'à dernier souffle et suprême haleine
D'avoir ains pu vie et mort réunir
Pour à la fois les mettre en race humaine.
Vie est charmant présent, en vérité.
Qui ne le croit, d'enfer au gibet aille!
Quand bien déjieune à poinct et fait ripaille,
De vivre l'homme a moult heureux souci,
Tant se sent aise au fond de sa tripaille.

Certe à chacun ne fut oncq octroyé
Pouvoir entrer et visiter Corinthe;
Mais soy doit-on de ce tant mettre en plainte
Et se faire œil toujours de pleurs noyé?
Le bonheur vray n'est ailleurs qu'en la pinte.
Humer le piot, ô le benoît travail!
Et qu'est auprès voir Corinthe en détail?
Fol à chimère ainsi qui s'acoquine!
La vie en l'homme est afin qu'il cuisine,
Fasse bon ventre et solide estomac,
A pleins boyaux boive et mange, et s'en gaude,
Chante Bacchus et feste la ribaude,
Dru virolet toujours mis hors le sac.

Sotte n'est donc la vie. En ferai preuve,
Ains devisant de Pâque à Trinité;
Mais ce qu'ay dit tant excelle en bonté
Qu'il n'est besoing icy lumière neuve.

Venons à mort. De quant grands arguments
Vais-je faire us pour mettre en jour propice
Cetuy chef-d'œuvre et de goût et de sens,
Mieux succulent que plat de haute épice
A qui bien scait, par longs arrosements,
De bas perthuis jusque haut orifice
Humecter soy de purée octobrice?...

Bast ! tout mon dire entier sera d'un mot :
Est-il à l'homme ami du benoît piot
Tant grand plaisir, bonheur tant délectable
Autre que boire à tirelarigot
Jusque cheûter ivre-mort sous la table ?

Adonc mourir ains que vivre n'est sot.
Et tout chacun qui métagrabolize
Son cervelet à les trouver sottise,
Soy mieux assote encore que vieux pot.
Voire qu'icy nature même explique,
Soutient de faicts certains notre argument.
Dans ce banquet moult pantagruélique,
De vie et mort l'effet miraclifique
Brille plus clair qu'étoile en firmament,
Car ce nous est à tous douce pratique
Beuvant de vivre et de mourir beuvant.

A. Léon Noël.

CALENDRIER RUSTIQUE

POUR L'AN II DE JEAN RAISIN.

JANVIER.

Je ne commencerai pas cette année sans vous la souhaiter bonne et heureuse.

Vous, mon brave Jacques Bonhomme, qui n'avez à cultiver qu'un jardin, n'oubliez pas, par les fortes gelées, de couvrir de feuilles les semis faits en automne. — Pendant le temps doux vous pouvez commencer à tailler la vigne, et vous continuez la taille des pommiers et poiriers peu vigoureux. — Râclez la mousse des vieux arbres, et débarrassez-les du bois mort ; cela leur est aussi utile qu'il l'est à vous de vous débarbouiller et de vous faire les ongles. — Vous préparez aussi les boutures. Pour les conserver en bottes, vous les placez dans un lieu abrité et les enterrez en partie dans le sable, comme on emmaillotte les petits enfants bien délicats. — Vous avez achevé vos labours à la bêche, vous répandez et enfouissez le fumier. — C'est le moment d'ouvrir les fosses, dans lesquelles vous planterez des asperges en mars ou en avril ; de cette manière la terre du fond a le temps de mûrir. — Si le temps et le sol le permettent, vous pouvez risquer, en lieu abrité, des semis, de pois *hâtifs*, de fèves *de marais*, et même à la fin du mois, et en terre légère, des semis d'*oignons*. Ne négligez pas de leur donner un bon paletot de fumier ou de paille.

Vous, maître Pierre, qui dirigez une ferme, je vous engage à faire actuellement la revue de ce qui vous reste de fourrages. Calculez le nombre de vos bêtes, et celui des jours où vous serez encore obligé de les nourrir au sec. Voyez si vous devez diminuer les rations à une espèce de bétail, pour en donner davantage à l'autre ; si vous pouvez vous livrer à des achats d'animaux, à des ventes de fourrage, ou si au contraire vous êtes dans la nécessité d'acheter du fourrage ou de vendre du bétail. — Profitons du froid pour battre les semences qui se séparent difficilement de leur enveloppe, telles que les graines de trèfle, de luzerne, de lupuline, etc., ainsi que l'avoine peu javelée ou rentrée humide. — C'est le temps où l'ouvrage manque pour les pauvres gens : employons les bras et les attelages à réparer les chemins. N'exagérez pas le bombage d'un chemin, car alors les voitures cheminent mal sur les côtés, toutes passent au milieu, et les ornières s'y creusent plus profondes; 9 centimètres de pente de chaque côté suffisent pour un chemin de 10 mètres environ de largeur. Les matériaux les plus durs sont les meilleurs : néanmoins les pierres calcaires ont aussi leur avantage, celui de se mieux lier et tasser.

En établissant dans les champs vos dépôts de fumier, ayez soin, pour éviter que les pluies le détériorent, de creuser un peu la place, et de relever la terre à l'entour. — Si vous marnez, n'oubliez pas qu'on ne doit jamais enfouir la marne tout de suite; on la laisse au moins un hiver à l'action de l'air et des gelées.

Vos vaches vont vêler; je suppose que vous leur avez donné pour boisson pendant plusieurs semaines, avant le part des tourteaux de lin délayés dans de l'eau tiède. — La chose faite, songez que l'allaitement du veau épuise la mère encore plus que ne l'épuisait sa formation; aussi nourrissez-la bien, et si elle est très-jeune, hâtez-vous de vous défaire de son produit.

Vous commencez l'engrais de pouture; faites au bœuf une vie d'épicurien : trois repas, dont chacun durera deux heures et se composera de trois services; ce demi-jour mystérieux, si cher aux rêveurs et aux belles, et une température élevée.

FÉVRIER.

Nous voici dans le mois consacré par les anciens aux purifications.

Purifions nos habitations et nos étables de tout foyer d'infection, nos personnes de toute malpropreté, nos âmes de toute souillure. Je ne sais quel sage a dit : « Si je veux connaître jusqu'à quel point un peuple est vraiment civilisé, je n'irai pas voir ses palais, ses tableaux, ses statues ; je visiterai ses fermes et ses chaumières. »

Les arbres languissants doivent recevoir un bon labour autour de leur pied. Si le sol est maigre, et que vous ayez quelque engrais (et toute espèce convient), n'enfouissez pas contre le tronc, mais à distance sur tout le pourtour des racines. C'est aux racines que sont les mille bouches d'un végétal. — Quelques personnes commencent déjà la taille des arbres à noyaux. — La profondeur à laquelle on enfonce la graine influe beaucoup sur la venue. Vous recouvrez moins dans une terre forte et humide que dans une terre légère ; moins à la fin de l'hiver qu'au printemps et en été. Les grosses semences, comme les fèves, se mettent en moyenne à 6 ou 9 centimètres de profondeur ; les pois, à 3 ou 6 centimètres ; les graines de choux et choux-raves, à 3 centimètres ; celles de carottes, oignons, laitues et autres ne doivent au contraire être recouvertes que d'un peu de terre meuble. — Les graines fines se trouvent fort bien d'un piétinement après la semaille, mais il ne faut pas l'effectuer avant que la terre soit ressuyée. — Toute semaille hâtive demande un peu plus de semence, parce qu'il y a toujours un plus grand nombre de graines qui manquent.

Vous avez le choix entre deux méthodes de planter la vigne : la *languedocienne* et celle du canton de Vaud. — La première consiste en un labour à 54 centimètres, hersage et roulage ; on trace des rayons espacés entre eux de 1 mètre 15 centimètres à 1 mètre 50 centimètres, et qui s'entre-croisent à angle droit. Le plant se met à chaque point d'intersection et à 45 ou 60 centimètres de profondeur. La vigne produit à trois ou quatre ans ; elle dure moins que dans les fosses larges et profondes qu'on creuse en Provence ; mais cet inconvénient, assure-t-on, est plus que compensé par le bas prix de plantation, qui est de sept à neuf francs par hectare. — La seconde méthode consiste à ouvrir une tranchée de 65 centimètres de largeur sur 54 centimètres de profondeur. On y place des sarments ayant quatre yeux, et on les chausse de manière à ce qu'il y ait deux yeux en terre et deux yeux dehors ; on presse la terre autour du plant, qui ne tarde pas à émettre des racines. L'année suivante, il peut déjà être planté à demeure ; dans la troisième année, il commence à donner produit ; à la sixième, il est en plein rapport.

Nous supposons qu'en grande culture maître Pierre se propose de semer des féverolles, et n'a pas de semoir. Il suivra le conseil de M. Moll : employer le *binot* ou *butoir* à mettre le sol en petits sillons d'environ 72 centimètres de largeur, semer ensuite à la volée ; les grains tombent la plupart au fond des sillons ; on les recouvre par un hersage donné en travers. Les lignes, quoique moins régulières qu'au semoir, permettent cependant de biner à la *houe à cheval*.

Dès que l'eau des ruisseaux devient trouble, on commencera l'arrosement des prairies. Les gelées médiocres ne font pas de mal aussi longtemps que l'eau couvre le gazon. — Combattez la mousse par un hersage suivi d'un semis de graines dans les places vides et d'une aspersion de purin. — Ne regardez pas la taupe comme un ennemi dangereux pour les prés. Elle détruit les larves et les insectes, et, en ramenant à la surface la terre du sous-sol, elle rechausse les plantes et leur donne de la vigueur. Seulement, en profond politique, détruisez soigneusement les taupinières, afin que le sol conserve son niveau, et que l'utile taupe ne connaisse pas de repos.

Les juments vont mettre bas ; à elles aussi des carottes et des tourteaux de lin ; vous les exempterez de la fatigue. — Vos brebis commencent à prendre au pâturage quelque nourriture ; mais vous les ferez boire à la bergerie, et ne leur donnerez que de l'eau amortie. — Les agneaux venus en décembre et en janvier ne téteront plus que deux fois par jour ; on commencera à les séparer de leurs mères. — Enlevez à la truie, ce modèle des nourrices et si peu apprécié, quelques petits, s'ils sont trop nombreux. Une forte truie peut en nourrir dix et même onze ; mais une jeune ne peut en garder que huit. — La portée de ce mois est dans les meilleures conditions pour prospérer ; choisissez parmi elle le sujet que vous réserverez aux nobles fonctions du sultan.

MARS.

Alerte ! Voici le moment où s'ouvrent les grands travaux. Le soleil ne s'arrête point, et l'agriculture devrait aller aussi vite que lui, si cela était possible.

On termine entièrement la plantation des arbres fruitiers, et on continue la taille des arbres à noyaux. — Si vous n'êtes pas très-expert sur la taille, faites un petit sacrifice, et recourez à un jardinier habile. Donnez de l'air à l'arbre, arrachez les parasites, retranchez les gourmands : c'est un travail qui ressemble à celui de l'homme d'Etat, c'est la politique au petit pied. — Nous sommes à l'époque favorable pour la greffe en fente. Il est bon que le rameau ait été coupé en février, avant que la séve monte, et conserve le pied en terre, en lieu abrité du soleil et de la gelée. — C'est aussi le moment de semer en pépinière les *choux d'York*, les *Milons*, les *choux-raves* et les *choux-navets*. On repique les choux d'York semés en pépinière dans l'automne précédent. — Enfin on met en terre les racines conservées pour *porte-graines*, telles que navets, carottes, betteraves, oignons, rutabagas.

En grande culture on sème les graines de prés et de pâturages. Gardez-vous de la faute ordinaire de vouloir faire des prairies en ne semant que ce qu'on appelle de la *fleur de foin*, ce qui n'est autre chose que la balayure des fenils. Vous n'aurez ainsi qu'un mauvais pré, du moins pendant les cinq ou six premières années. Procurez-vous des graines de bonnes plantes fourragères appropriées à votre sol, et votre pré sera en plein rapport dès la seconde année. — Quant aux prairies naturelles, cessez vers le milieu de ce mois de faire pâturer les bestiaux dans celles non arrosées. — Les prés de semis de l'année précédente seront au contraire pâturés tout ce mois et la moitié d'avril; ce qui fera tailler et épaissir l'herbe. — C'est dans le courant et surtout dans la seconde quinzaine de ce mois qu'on commence à planter les trèfles, luzernes et sainfoins, alors que les feuilles ont commencé à paraître; car on croit que c'est par l'intermédiaire des feuilles que le plâtre agit.

Maître Pierre ne sème ni ne travaille ses terres en temps trop humide ou trop chaud. Un tel labour est non-seulement nul, mais nuisible, et la semaille en telles circonstances est fort hasardée.

Outre le blé du printemps, vous semez l'avoine, qui ne l'est jamais trop tôt; le proverbe dit : *Avoine de février remplit le grenier*. — Vous mettez le trèfle rouge dans les terres humides et argileuses, le trèfle blanc ou rampant dans les sols légers et calcaires, ainsi que le trèfle jaune ou lapuline qui peut être pâturée sans crainte de météorisation, le sainfoin, qui, sec ou vert, est un fourrage très-substantiel. Le pois ordinaire convient au sol meuble, léger, et le pois gris ou bisaille vient dans les terres fortes. La vesce fauchée en vert n'est point épuisante. La carotte réussit sur une terre de consistance moyenne, mais un peu argileuse. Le panais veut un sol riche et profond. Le chou à frange et le rutabaga résistent mieux à l'hiver que le navet, et forment une excellente nourriture d'hiver pour le bétail ; ils veulent, ainsi que la betterave champêtre, être pris en pépinière, piqués au printemps, sarclés et binés avec la houe à cheval. La lentille convient aux terres meubles ; sa paille forme un fourrage préférable au foin. La chicorée réussit en terre riche et de consistance moyenne. La laitue, qui exige beaucoup d'amendements, entretiendra vos porcs en parfaite santé.

Vos chevaux, au sortir de la saison de repos, seront plus facilement blessés par le collier et le harnais ; le printemps et le travail les échauffent, et produisent souvent des maux d'yeux. Lavez les plaies avec de l'eau fraîche et de l'eau de *Goulard* ; bassinez les yeux avec de l'eau dans laquelle on aura fait dissoudre un peu de sulfate de zinc. — Dans ce mois et le suivant, on châtre les poulains.

A mesure que vos travaux se multiplient, augmentez progressivement la nourriture à vos chevaux et à vos bœufs : c'est justice. Donnez jusqu'à 10 et 12 litres d'avoine au cheval, cet animal gourmet, ou bien même quantité de sarrasin, orge, maïs, féverolles, moulus et mêlés avec volume égal de paille, le tout humecté. — Le sobre bœuf, outre sa ration modeste, recevra un surcroît de deux ou trois litres de grain moulu ; en reconnaissance il supportera deux attelées par jour, chacune de cinq heures, comme fait le cheval. — Vous châtrez vos veaux d'un mois ou de six semaines ; néanmoins, si vous voulez un fort bœuf de travail, attendez une année.

Moutons et brebis peuvent aller actuellement dans tous les pâturages secs ; donnez cependant encore quelque chose à la bergerie, un peu de foin ou de paille avant la sortie.

AVRIL.

L'équinoxe est passé, le soleil a pris de la force. Jacques a labouré tout son verger ; il a terminé la taille de ses arbres les plus vigoureux, ainsi que celle des pêchers, dont il a voulu retarder la floraison. — Il achète des greffes en fente, il complète l'échenillage et donne des tuteurs à ses jeunes arbres. — Il arrose le matin et pendant la journée ; cependant vers la fin du mois il peut déjà arroser le soir, ce qui est d'un effet meilleur et plus durable, mais ce qu'on évite aussi longtemps que la gelée est encore à craindre. — Semez laitues, épinards, radis et pois, afin de n'en pas manquer lorsque les premiers semis auront été récoltés. — Semez aussi céleri, chicorée d'été, et, dans la seconde quinzaine, haricots.

En grande culture, c'est le moment de semer l'orge. — Vers la fin du mois, vous sèmerez le maïs. Les grandes variétés à grains blancs sont les plus estimées ; mais elles sont, dit-on, plus délicates que la grosse variété à grains jaunes qui est la plus répandue en France ; ne recouvrez que très-légèrement, afin d'éviter que la graine ne pourrisse. — On plante la pomme de terre. En sol léger et qui peut souffrir de la sécheresse, M. Moll conseille de se servir du butoir pour disposer le champ en petits billons peu larges.

Maître Pierre commence à pouvoir mieux vendre ses bêtes de boucherie maintenant que le carême est passé. Il se procure le ruban Dombasle, qui se vend à Paris, rue du Mail, nº 18, chez M. Champion. C'est un long ruban divisé en centimètres ; on fait placer l'animal les deux membres antérieurs sur la même ligne, et la tête dans sa position la plus naturelle, ni trop basse ni trop élevée ; on mesure le périmètre du thorax avec le ruban, qui part du garrot, passe derrière l'un des coudes, sous la poitrine, entre les avant-bras, et revient en haut en montant sur le plat de l'autre épaule. On note le résultat obtenu, et l'on opère semblablement de l'autre côté. Si les deux opérations ont donné des résultats différents, on prend la moyenne. Le poids de la viande *nette* que fournira un animal est toujours dans un certain rapport avec le périmètre du thorax. Ainsi, par exemple, un bœuf dont le périmètre du thorax sera 1 mètre 81 centimètres, est présumé donner 178 kilogrammes de viande nette : un périmètre de 2 mètres 73 centimètres indiquera 600 kilogrammes.

Dans le nord de la France et dans une partie du centre, ce mois est encore plus que le mois de mars difficile à passer pour qui a du bétail à nourrir, parce que les fourrages sont consommés et que les nouveaux ne sont pas encore venus. — Mieux vaudrait se résoudre à vendre quelques animaux, que de réduire la ration en quantité ou en qualité à un point où le bétail aurait à souffrir.

Dans les années précoces, on peut déjà couper de la luzerne vers la fin de ce mois, et beaucoup de cultivateurs commencent aussi à nourrir leurs chevaux au vert. Si vous le pouvez cependant, attendez jusqu'à la fin de mai : les fourrages seront moins aqueux. N'oubliez pas que la terre et les chemins se sèchent et se durcissent, et que l'entretien de la ferrure devient plus essentiel. Vous pouvez sevrer le poulain né en janvier. — Dans les contrées d'élève, on conserve les veaux nés en mars et avril, parce qu'on a remarqué qu'ils étaient généralement plus forts et mieux constitués que ceux qui viennent en été ou en hiver. — Ne cessez point l'usage du sel aux troupeaux; donnez-le encore une fois par semaine; deux ou trois grammes par mouton suffisent. — On peut envoyer maintenant les porcs au pâturage; les herbages humides leur conviennent, mais il faut une provende au retour.

MAI.

Une hirondelle est venue ce matin frapper de son bec les vitres de ma fenêtre, comme pour me souhaiter la fête du *joli mois de mai*. Elle s'est sur-le-champ mise à l'ouvrage, et la voilà qui travaille à faire son nid au même lieu où elle est née l'année précédente. Réjouissons-nous, mes amis! le ciel ne nous abandonne pas, il fait éclore les germes qui doivent nous nourrir. Travaillons, la nature nous convie à la seconder : le travail est l'hymne qui plaît le plus au Créateur de toutes choses; il a voulu que le paresseux fût misérable dans ce monde.

Jacques enlève les jets qui poussent au pied de ses arbres. Il retranche une partie du fruit qui les surcharge; il n'épargne pas l'eau aux sujets transplantés dans l'année; il continue la guerre aux chenilles et papillons; il prend ceux-ci facilement le soir sur les pieds-d'alouettes qu'il a plantés tout exprès en bordures. — C'est le moment de planter les haricots, potirons et concombres. — Les choux et navets ont souvent à souffrir, dans ce mois, des pucerons. On recommande contre eux l'emploi des cendres, et surtout de la fleur de soufre ; des arrosages fréquents procurent aussi de bons effets.

En grande culture, maître Pierre peut encore répandre le purin sur le trèfle qu'il ne destine pas à être consommé en vert, et qui est peu avancé. Plus tard, cet engrais ne peut plus s'employer que sur les pommes de terre et les autres récoltes de racine. — C'est le moment où commence le parcage des bêtes à laine. Il n'est pas avantageux de parquer avec un troupeau composé de moins de 300 bêtes ou sur un champ peu étendu, parce que, dans ces deux cas, les frais sont proportionnellement trop élevés. Comptez dans le parc un demi-mètre carré pour chaque bête de taille moyenne. *Deux coups de parc dans une nuit équivalent à 22 milliers de fumier par hectare*, c'est une fumure faible. Pour fumure très-forte, on laisse les moutons deux nuits sur la même place.

C'est un bon mois pour établir les *saignées couvertes* d'assèchement, ou, comme on dit aujourd'hui, le *drainage*, d'après un mot anglais. Ce sont des rigoles plus ou moins profondes, dans lesquelles on place des pierres et des fascines, de manière à permettre à l'eau de s'écouler à travers. Le tout est recouvert de paille, de gazon, et enfin de la terre du champ. Au lieu de pierres et de fascines, on emploie en Angleterre, et aussi dans certaines parties de la France, des tuyaux de conduite en poterie, lesquels se fabriquent à bas prix par une machine importée chez nous depuis peu. Les Anglais recommandent le drainage profond, à un mètre et demi, comme le seul qui soit vraiment efficace.

On sème la petite orge, le lin tardif, le chanvre, le cameline, le millet, le colza d'été. La variété de *chanvre du Piémont* veut terre fort riche et climat chaud ; mais elle s'élève plus haut que l'ordinaire, et sa filasse est excellente pour la corderie.

On met la faux aussitôt que possible dans les récoltes fourragères qui donnent plusieurs coupes, afin d'organiser une série de places donnant une succession de regains, de manière à ce qu'il n'y ait nulle interruption dans la nourriture au vert une fois qu'elle a commencé. La récolte du seigle vient la première, puis l'escourgeon ou l'orge d'automne, puis les vesces d'hiver, le fromental, le trèfle et le sainfoin.

Le bétail ne doit passer du sec au vert que par gradation. Un excellent procédé pour mélanger le fourrage vert avec le

foin est de les soumettre ensemble à l'action du hache-paille.
— Le gros bétail nourri pendant l'été à l'étable et au vert profite mieux et produit plus de fumier.

Vers l'époque de la monte, diminuez la ration des vaches vigoureuses, augmentez celle des vaches faibles, afin de les amener à un état moyen de vigueur qui convient le mieux à un accouplement productif.

On sèvre les agneaux venus en janvier et février. — La laine a acquis toute sa longueur; on classe les sujets du troupeau selon la qualité de la laine, afin de se guider pour le choix de l'accouplement des béliers et des brebis.

JUIN.

Courage, mes amis! vous avez pris beaucoup de peine; mais voici bientôt le moment de recueillir. Le travail aux champs ne détruit pas la santé comme le travail à la ville : dans le partage des biens et des maux, ce n'est pas vous qui avez été le plus maltraités.

Jacques se hâte de récolter plusieurs espèces de choux hâtifs, semés de bonne heure au printemps, et en général tous les choux pommés, dont les têtes sont bien serrées, parce qu'une fois mûrs, ils se gâtent facilement par un temps humide. Il a soin de cueillir tous les deux jours les pois qui ont atteint leur grosseur, parce qu'il veut que les plantes fleurissent pendant longtemps. — Il pourrait encore couper des asperges, mais il s'en abstient prudemment, parce qu'il veut conserver les griffes en bon état. — Dans la première quinzaine, il retranche des cerisiers et autres arbres à noyaux le bois inutile; plus tard, il en fait autant sur les espaliers à pepins.

Maître Pepin répare les chemins qui conduisent à ses prairies. Il prépare ses fenils, sa grange et ses greniers, car nous voici au moment de la fenaison; il s'est assuré à l'avance des bras nécessaires. Est-il quelqu'un qui veuille acheter un domaine? je lui conseille de le visiter en juin d'abord, et puis en automne, et puis à la fin de l'hiver.

On conduit sur la jachère la plus grande partie du fumier. — On conduit aussi celui des terres destinées aux plantes sarclées.

On enfouit les récoltes semées, dans l'unique but de servir de *fumures vertes*, qui conviennent surtout aux champs éloignés ou d'un accès difficile, et en sol léger et brûlant. — On cure les fossés et les étangs; la vase sera conduite sur les jachères, ou laissée en tas jusqu'à l'hiver, ou enfin mise en *compost* avec fumier, chaux, etc. — On *chaule* la jachère. La quantité de chaux varie de 60 à 300 hectolitres par hectare. On en met d'autant plus que le sol est plus tenace, et surtout plus *aigre* et plus tourbeux. Ne négligez pas d'arroser les tas de fumier, qui sans cela prendraient le *blanc*.

L'époque est bonne pour dessécher les terrains marécageux, les marais et étangs. L'*écobuage* suit très-bien le desséchement, et produit de bons effets dans les terrains récemment assainis. En écobuant vous lèverez vos tranches de gazon d'autant moins épaisses que le sol est moins dépourvu de matières organiques, qui seules sont susceptibles de brûler. En disposant les tranches en tas, avec un vide au centre pour conduire l'air sur le feu, vous ferez vos tas plutôt petits que grands; l'action éminemment fertilisante du feu se répartit mieux sur tout le champ. Le feu ne doit pas flamboyer; on ne doit voir que de la fumée. En Hollande, pour écobuer un champ, on n'en dégazonne que la moitié : une tranche soulevée alterne avec une bande de terre, et l'on s'en trouve fort bien.

Le foin se conserve en général mieux en meules bien faites que dans les greniers, surtout lorsque ces greniers sont au-dessus d'étables ou d'écuries non voûtées. — Les Allemands ont aujourd'hui un hangar ou toit de tuile, de chaume ou simplement de carton goudronné, soutenu par des piliers de bois qui posent sur une base en maçonnerie; le fourrage se conserve très-bien là-dessous. — Les ouvriers qui fauchent à la tâche travaillent volontiers la nuit au clair de la lune, d'abord parce qu'ils ont moins chaud et aussi parce que l'herbe se laisse couper plus facilement; mais c'est au préjudice du cultivateur, car la besogne ne peut jamais être faite avec autant de soin que dans le jour, et l'on sait combien il importe que l'herbe soit fauchée bien également, et surtout bien près de terre.

Vos chevaux souffrent des mouches; faites ce que font les rouliers : passez sous le ventre du cheval une toile assujettie aux harnais, et qui ne serre point. Le flottement suffit pour empêcher les mouches de venir attaquer cette partie, qui est la plus sensible.

Laverons-nous nos moutons avant de les tondre, ce qui s'appelle *laver à dos?* C'est le désir des acquéreurs, qui fait là-dessus la loi aux cultivateurs. Rien n'est plus vague que l'appréciation de la laine chargée de toute son huile, à l'état de *suint*, à cause de sa plus ou moins grande propreté, et par conséquent de son déchet différent ou dégraissage. Le producteur et l'acheteur manquent d'une base pour assigner à la laine sa valeur réelle. Le lavage à dos, quoiqu'il soit loin d'être un lavage complet, est donc un pas de fait vers les moyens de simplifier les données sur lesquelles s'établit la vente de ce produit. Les Allemands, pour séduire l'acheteur, assortissent en outre les toisons entre elles, selon les degrés de finesse, et les débarrassent de leurs parties tout à fait basses.

JUILLET.

C'est le mois le plus sec et le plus chaud de l'année. C'est le moment de l'écussonnage à *œil dormant* sur les jeunes sauvageons (l'œil ou le bourgeon dort, et ne poussera qu'au printemps suivant). — Sur vos jeunes sujets greffés l'année précédente, voici des jets qui poussent au-dessus de la greffe : retranchez sans pitié ces gourmands. — Étayez les arbres que le fruit surcharge. — Vous pouvez encore risquer une plantation de pois et de haricots. — Vous sèmerez des choux de plusieurs espèces pour le printemps suivant. — Vous repiquez encore choux rouge, choux-navet, brocoli, quoiqu'avec moins de succès que le mois précédent. — Les vieux fraisiers de plusieurs années se laissent transplanter.

Maître Pierre se prépare à la récolte de la navette et du colza. Afin de ne pas la garder 'ongtemps, il a eu soin d'avertir les fabricants d'huile : c'est de l'argent qui vient à point pour tous les travaux de la grande moisson des céréales. — Les graines de ces deux plantes étant d'une ténuité remarquable, vous coupez dès qu'un tiers des siliques a commencé à jaunir; le reste mûrit très-bien en gerbes ou en *meulons.* — Pour cette récolte, la faucille vaut mieux que la faux, à moins qu'on ne soit très-pressé, que les tiges ne soient pas fortes et la maturité tout juste à point, et non un peu avancée; encore est-il prudent de ne faucher que le soir et le matin. On fauchera *en dedans*, et la faux n'aura ni montant ni baguettes. — Si vous le pouvez, battez sur place, sur une grande bâche étendue. — Un hectare de beau colza donne environ quinze cents à deux mille kilog. de paille qui, malgré le préjugé, fait une bonne litière et un bon fumier. À Grignon, on l'estime autant que la paille ordinaire. Les siliques, détrempées dans de l'eau bouillante, font de bonnes soupes pour le bétail. — Vers la fin de ce mois le colza se sème en pépinière pour être repiqué plus tard.

Si vous nourrissez les chevaux au sec, évitez de leur donner déjà du foin nouveau, qui leur est très-nuisible. — Le moment est passé de faire saillir les juments.

Si vos bœufs pâturent en lieux bas et humides, assurez-vous souvent que les plantes ne sont pas attaquées de la rouille ou des pucerons. Dans ce cas, vous feriez faucher et sécher l'herbe ; elle servirait de litière. — L'œstre pique vos bœufs aux reins et au dos, et dépose dans la piqûre un œuf qui produit un ver ; le ver grossit, d'où résulte une bosse très-douloureuse : extrayez le ver. Pour prévenir la piqûre, frottez les bêtes avec une décoction de feuilles de noyer, ou un mélange de goudron et d'huile de térébenthine.

C'est le moment de la monte des béliers. Vous leur donnerez bon foin de prairie ou de trèfle, et un litre et demi d'avoine par jour et par tête, en deux distributions entre les repas. — Dans les bonnes bergeries, la méthode la plus usitée pour la monte est celle qu'on nomme le *saut à la main* ; on donne ainsi à chaque brebis le bélier qu'on lui a destiné d'avance : c'est le mariage pardevant berger, substitué à la polygamie turbulente, qui donne trop de produits défectueux.

AOUT.

En palissant ses espaliers, Jacques évite de mettre une branche en contact avec un clou ou un morceau de fer : l'expérience a montré que ce contact était nuisible. — Lorsque la taille ne s'est pas cicatrisée sur les sujets greffés, on peut actuellement enlever, avec un instrument bien tranchant, tout le bois mort jusqu'au vif. — Dans la première quinzaine, vous pouvez encore semer carottes, pour en avoir en hiver et jusqu'en avril. — On récolte dans ce mois la semence de la plus grande partie des plantes potagères. On doit les laisser bien mûrir. Vous les conservez en lieu sec et dans des sacs de toile sans les remplir jusqu'en haut, et vous retournez les sacs de temps à autre.

Maître Pierre ouvre la moisson (souvent vers la fin de juillet) par la moisson de l'orge d'hiver ou escourgeon, qu'il ne laisse pas mûrir sur pied. Il lui donne la place la plus aérée de la grange, parce qu'il arrive que, malgré toutes les précautions, on rentre des épis encore verts, et susceptibles de s'échauffer. Ceci s'applique également à l'orge de printemps. — Il ne coupe le seigle de printemps ou d'automne que mûr, et lorsque la paille a passé du jaune au blanc, et ne montre plus aucune nuance verdâtre aux articulations. (Il n'oublie pas qu'en année sèche la paille est souvent déjà jaune vers le haut, tandis que les grains sont encore en lait, et que le contraire arrive dans les années humides.)

Le blé d'hiver et de printemps et surtout l'épeautre se récoltent prématurément. Le bon moment est celui où le grain n'étant plus en lait est encore tendre. Il acquiert ainsi plus de qualité, et l'on éprouve moins de perte pour l'égrenage. L'épeautre ne doit pas rester longtemps en javelle; c'est la céréale qui germe et se gâte le plus facilement, par l'effet des pluies.

L'avoine mûrit inégalement; il faut couper dès que les premiers grains, qui sont les plus parfaits, sont mûrs, et tandis que les derniers sont encore verts. Aussi doit-elle rester plus longtemps en javelle, ce qu'elle supporte bien. N'oubliez pas cependant qu'un javelage prolongé détériore la paille, et cause la perte de beaucoup des meilleurs grains.

On calcule en général qu'un bon ouvrier fauche de cinquante à soixante ares par jour en céréales d'été, un peu moins en céréales d'hiver; dans le même espace de temps, on faucille en moyenne de dix-huit à vingt-deux ares. — Le faucheur coupe ras de terre, et le faucilleur scie à 21 ou 22 centimètres de hauteur. On obtient donc par le premier un quart ou un cinquième de paille de plus, sans compter les herbes qui rendent la paille fourragère. — Les gerbes liées à la javelle doivent avoir d'un mètre 25 cent. à 2 mètres 35 cent. de tour. Plus pesantes, elles sont incommodes pour les charger et les hisser; plus légères, elles augmentent sans utilité le travail des lieurs.

La *vaine pâture* sur chaume est agréable aux moutons, qui y trouvent herbe nouvelle et grains épars; mais ce changement de nourriture ne doit s'effectuer qu'avec précaution. Faites que le troupeau n'y arrive jamais affamé, surtout lorsqu'il vit d'habitude sur pâture maigre. N'oubliez pas non plus qu'en temps humide l'herbe y est plus qu'ailleurs salie par la terre. — Il y a danger sur les chaumes d'orge et d'avoine lorsque les grains restés sur terre ont germé.

SEPTEMBRE.

Point de relâche dans les travaux, mais l'aspect de nos greniers remplis nous a redonné de l'ardeur. Passons aux semailles d'automne.

La première quinzaine est la plus convenable pour semer les féverolles. Vous pouvez tenir les lignes plus rapprochées que pour celles de printemps, les tiges de l'espèce d'automne étant moins élevées. Le cultivateur soigneux les sème *sous raie*. — Le seigle sera semé de bonne heure, parce que, montant vite en tige, il n'a que l'automne pour former ses racines et taller. (Nous exceptons les sols très-riches et les sols tourbeux, où les plantes sont en général sujettes à se déchausser). La récolte du seigle est plus sûre que celle du froment; le produit varie moins. — Rappelez-vous que l'escourgeon demande un sol fertile, modérément compacte; le sol lui fait mal, surtout en sol mal égoutté. — L'avoine d'hiver ne se sème pas plus tard que les premiers jours d'octobre. — Le blé au contraire peut se semer du 25 de ce mois jusqu'à la fin de novembre et même plus tard; néanmoins les semailles hâtives sont presque toujours les meilleures. Pour *chauler* un hectolitre de froment, il faut environ 650 grammes de sulfate de soude, huit litres d'eau qui sert à le dissoudre, et quatre kilogrammes de chaux vive. Il est bon de ne chauler qu'une petite quantité de grain (un ou deux hectolitres) à la fois, on est plus sûr de réussir.

Les premiers jours de ce mois, mais pas plus tard, sont encore favorables à la semaille des fourrages en *récoltes dérobées*, qui se sèment et s'enlèvent dans l'intervalle qui règne entre deux récoltes principales.

Les graines des prés et des pâturages se sèment ordinairement en mars, lorsqu'on les met dans une céréale; mais, lorsqu'on les sème seules, la fin de septembre est préférable.

C'est l'époque de la récolte de la graine de trèfle ; attendez que la plus grande partie des têtes soient parfaitement mûres, ce qu'on reconnaît à leur nuance brune et à la dureté de la graine. — Quant au maïs, les feuilles qui recouvrent les épis doivent commencer à blanchir, et les grains ne plus céder à la pression de l'ongle. — Les grains de sarrasin mûrissent très-inégalement : vous saisirez le moment où la plus grande partie a pris une nuance brune. — Vous reconnaissez la maturité des pommes de terre à la dessiccation complète des fanes. Pour l'arrachage, si l'on emploie la *bêche*, on ne peut compter en moyenne plus de cinq hectolitres par travailleur, à moins que le terrain ne soit pas léger ; avec le *crochet*, on compte en Allemagne sur huit hectolitres ; avec le *trident*, on compte en Flandre de onze à quatorze hectolitres par ouvrier ; ajoutons qu'avec le trident l'on n'est point obligé de se baisser, et que l'on se fatigue moins.

Dès que la température se refroidit et devient humide, vous mettez les chevaux à la nourriture sèche. — On peut encore continuer le vert au bœufs de trait pendant tout le mois, si l'on en a quantité suffisante, — C'est le moment d'éviter plus que jamais pour les bêtes à laine les places tant soit peu humides. Dans la seconde quinzaine, en sus du pâturage, donnez du sec, un peu de bon foin et de fine paille, soir et matin.

OCTOBRE.

A la date du 9 de ce mois, la fête de Saint-Denis prend dans la légende chrétienne une place qu'occupait dans la légende païenne la fête de Bacchus. Vous qui noyez follement votre intelligence dans le vin ; vous buvez, sous la protection d'un saint, tout autant que vous buviez sous celle d'un faux dieu. Pensez-vous que vos orgies, pour être devenues chrétiennes, en sont moins fâcheuses et coupables ? Je vous vois, le premier ou le second dimanche de ce mois, achever, après vêpres, et dans les cabarets, le peu de vin vieux qui reste au village et vous rendre tumultueusement sous votre halle communale. Je vous entends disputer entre vous sur l'époque de l'ouverture des vendanges, sans pouvoir jamais vous accorder, parce que vos vignes, composées de plants divers, sont placées sur des terres à des expositions différentes, et ne mûrissent jamais ensemble. Le *ban de vendange* fut jadis introduit pour faciliter à MM. les décimateurs la perception exacte des dîmes, et aux seigneurs leur privilége et leur droit de primauté dans l'ouverture des vendanges. Il n'y avait dans ce temps-là dans les vignes qu'un très-petit nombre d'espèces. Aujourd'hui, les vignobles contiennent plus de trois cents variétés, plus ou moins hâtives ou tardives. Les fruits des uns se pourrissent ou se dessèchent, lorsque les fruits des autres sont encore en verjus; et dans le même canton la maturité se développe successivement sur les diverses espèces pendant plus d'un mois. Il est vrai que l'ouverture du ban, qui continue à subsister dans la plupart des localités, a lieu presque toujours avant la complète maturité; néanmoins, il n'est pas permis non plus de la dépasser, sous peine de perdre tout droit à la protection de la loi pour la vigne non vendangée. Ces restrictions, qui forcent le vigneron à se presser, sans qu'il puisse choisir, pour la cueillette du raisin mûri chaque jour, un beau temps et une heure sans rosée, sont une des grandes causes de la mauvaise qualité du vin.

Vers la fin de ce mois, Jacques commence à planter les arbres fruitiers de toute espèce, et continue jusqu'au printemps pendant les journées favorables. — C'est le moment de semer des *pois michaux* dans une exploitation abritée.

En grande culture, on conduit, sur les champs destinés à la jachère ou aux semailles de printemps, la marne, la chaux, la vase d'étang, etc., et aussi le purin sur les prés arrosés ou non. — On a cessé de faire parquer les moutons : on peut encore compter tout ce mois sur le pâturage pour eux, hormis les jours de pluie. — La monte pour l'agnelage tardif continue; elle exige plus de béliers que la monte précoce, parce que la chaleur se manifeste actuellement chez un plus grand nombre de brebis à la fois.

Tout le bétail passe de la nourriture verte à la nourriture sèche. Maître Pierre calcule toutes ses ressources en foin et en autres matières alimentaires. Il suppose une ration uniforme et suffisante, et prévoit les circonstances défavorables qui peuvent survenir. C'est le moment de se défaire des bêtes défectueuses, qui payent mal leur nourriture; c'est celui aussi de se procurer les bêtes d'engrais, qui consommeront avec bénéfice le fourrage à l'étable. M. Moll vous dira que pour que le choix soit bon :

1º l'animal ne doit être ni trop jeune, ni trop vieux ; tant qu'il croît ou lorsqu'il est déjà usé par l'âge, il s'engraisse difficilement ; 2º il doit avoir subi la castration dans sa jeunesse ; l'animal châtré, après qu'il a servi d'étalon, non-seulement s'engraisse mal, mais sa chair est mauvaise, à moins qu'il n'ait travaillé plusieurs années depuis la castration ; 3º il ne doit pas être trop maigre et être exempt de toute affection organique, surtout d'une maladie du poumon : on reconnaît la santé chez le bétail à la vivacité de l'œil, à la régularité des battements du cœur, à l'état brillant et uni du poil, et à la souplesse de la peau ; 4º enfin, une bête qui a de la disposition à bien s'engraisser a les formes suivantes : le corps long, large et bien voûté, la tête et les os petits, les jambes courtes, la peau lâche et souple, le museau large, les cornes blanches, le tempérament doux sans être paresseux.

NOVEMBRE.

Je vois le soigneux Jacques remuer le sol au pied de ses arbres, donner des étais aux faibles, et resserrer les liens qui unissent l'arbre à l'étai, car il prévoit les vents de l'hiver. — Il empaille ses pêchers et abricotiers. — Il commence à tailler les arbres à pepins, vieux et faibles, et aussi les pommiers et poiriers en espalier. — En terrain argileux qui ne doit être planté qu'au printemps, il pratique d'avance les trous ; il continue à planter en sol léger.

Les pêchers et abricotiers doivent être plantés en espalier à 8 mètres, les pommiers sur tronc à 12 mètres, les arbres pyramideaux sur cognassier à 3 mètres. Dans les vergers, les arbres doivent être plantés sur bonne terre à 10 mètres. Quant aux arbres d'alignement, il faut se souvenir que le peuplier peut s'étendre jusqu'à 5 mètres d'envergure, et les hêtres jusqu'à 20. Les plantes venant de bouture, drageon ou racine, ne valent jamais les plantes de brin venant de semis. La bouture de saule ou de peuplier, appelée *plantard*, si vous la plantez dans un trou pratiqué avec un pal de fer, ne prendra jamais aussi bien dans cette sorte de gaîne endurcie par le fer, que dans un trou large et profond où les racines peuvent s'étendre. — Les chênes appelés *têtards*, et que l'on aperçoit le long des chemins et dans les terres labourées, sont la honte du propriétaire qui les souffre. Deux ou trois bourrées qu'on retire tous les six ou sept ans ne valent pas la dixième partie de la charpente que l'arbre aurait pu fournir, si on ne lui avait pas coupé la tête. — Les seuls têtards admissibles, ce sont les saules que l'on tond tous les quatre ou cinq ans, et les osiers que l'on coupe tous les deux ans, et quelquefois chaque année. Les ormes, frênes, peupliers et acacias, que l'on tond pour avoir des *feuillards* destinés à la nourriture des troupeaux, sont des arbres fort utiles, qu'il ne faut pas confondre avec les autres têtards.

Maître Pierre, s'il n'a que des bœufs pour ses attelages, se hâte de terminer tous ses charrois, car ces animaux ne marchent que difficilement sur le sol gelé. — Il s'assure de l'état des racines dans les silos, là où il remarque un fâcheux affaissement, signe ordinaire de la putréfaction dans l'intérieur. — C'est une époque où l'on peut pratiquer les rigoles d'écoulement et le drainage. — On récolte les navets, qui de toutes les racines sont celles qui se conservent le plus facilement. — On peut aussi arracher le topinambour ; mais il est plus simple de le laisser en terre, où il se conserve fort bien, pourvu que le sol ne soit pas humide : il continue même à acquérir un quart ou un tiers en volume. — On continue de mettre l'eau dans les prés arrosés. Lorsqu'on voudra faire cesser l'irrigation, et que la gelée menacera pour la nuit, on ôtera l'eau de bonne heure dans la journée, afin que la prairie ait le temps de s'égoutter.

Si vos chevaux travaillent moins, vous pouvez réduire la ration d'avoine, et lui substituer la carotte en tout ou en partie. — Le bœuf sera mis à la paille et aux racines. — Dans votre bergerie, si vous avez adopté l'agnelage tardif, vous commencerez par donner actuellement les fourrages de moindre qualité, et vous garderez les meilleurs pour la fin de l'hiver, époque où vos brebis agnèleront. — Mais là où elles agnèlent en décembre, et même dès novembre, vous donnerez dès à présent bonne nourriture, et surtout ce qui favorise la sécrétion du lait. — Dès que les froids commenceront, vous abreuverez à la bergerie avec de l'eau amortie. — Pendant tout l'hiver vous aérerez la bergerie de temps à autre, et avant chaque repas le troupeau sortira dans la cour.

DÉCEMBRE.

Le soleil, s'il vient à briller, réjouit, mais il n'échauffe plus; et l'oiseau qui se hasarde à l'admirer de plus près retourne en frissonnant à son nid, comme l'homme au coin de son feu.

Les travaux du jardin sont très-limités. Les arbres en rapport, qui n'ont pas encore reçu d'engrais, peuvent én recevoir actuellement si la terre n'est pas gelée. — Par un temps doux, en terrain bien abrité, on sème pois michaux et fèves de marais. — On peut encore établir des carrés d'asperges au moyen de semis. — On risque, avec de bons abris, des semis de carottes, panais, épinards, céleri, chicorée. — On a soin d'aérer les celliers et caves où l'on conserve les légumes, mais on les referme vers le soir.

C'est le mois où le cultivateur clôt ses comptes et fait l'inventaire de toute la ferme, là où se tient une bonne comptabilité, et malheureusement la chose est rare. Combien de nos gros fermiers eux-mêmes n'ont d'autre comptabilité que la porte de leur chambre, sur laquelle ils notent à la craie ce dont ils veulent se souvenir pendant quelque temps! Le plus mince cultivateur en Allemagne a son carnet où il inscrit ses recettes et dépenses, ce qu'il récolte ou ce qu'il vend ou emploie, les frais que lui coûte chaque récolte, etc. Il y a loin de là à une comptabilité en partie double, qui serait bien difficile à tenir pour le commun des cultivateurs; mais le carnet exige peu de travail, et il est d'un usage plus utile que les notes à la craie.

Maître Pierre tâche de terminer dans ce mois ses labours en terre argileuse; car en janvier ils se feraient mal, et plus tard ils seraient peu efficaces pour l'ameublement du sol, qui résulte surtout de l'action du gel et du dégel sur la terre entr'ouverte. — Il augmente maintenant la litière du bétail, afin de le tenir chaudement et à sec. — L'étable des bœufs à l'engrais sera tenue chaude; il craindra pour ses bœufs de trait un excès de chaleur qui les rendrait mous et impressionables au froid. — Le vélage aura été réparti sur toute l'année, et particulièrement sur les époques où les veaux et le lait se vendent bien. Comme c'est généralement pendant tout l'hiver, on a soin que pendant ce mois et le suivant une partie des vaches mette bas.

C'est l'époque où chaque ménage tue son cochon. N'oubliez

pas que deux conditions sont essentielles pour bien fumer la viande : il faut qu'elle subisse *le contact d'une grande quantité de fumée*, et que cette fumée *soit froide* ; si vous n'avez pas de *chambre à fumer*, servez-vous de votre cheminée, mais supendez la viande dans le courant de fumée même, et aussi loin que possible du feu, sauf à l'y laisser peu de temps. Evitez pour fumer les bois vieux, pourris, ayant servi à divers usages, et surtout ceux recouverts d'un enduit quelconque. Les bois de hêtre, de chêne et la bruyère sont regardés comme les meilleurs combustibles ; les bois résineux ne valent rien.

Sur ce, je vous souhaite une bonne nuit de Noël et un joyeux réveillon, pour bien terminer la présente année.

SAINT-GERMAIN-LEDUC.

LE DERNIER BEAU JOUR.

Les feuilles rouges du coteau
Disent que la vendange est faite;
L'automne de son long manteau
Secoue encore un jour de fête.
Ne restons pas à la maison.
Profitons de l'heure sacrée,
Où le soleil à l'horizon,
Tamise une poussière ambrée.

L'automne, d'un dernier regard,
Charme et dore cette journée,
Fêtons sans attendre plus tard
Le déclin si doux de l'année.

Dans le sol fraîchement creusé
Le laboureur marche en cadence;
On voit jaillir le blé rosé
De ses mains pleines d'espérance.
Les étourneaux sur les sillons
S'abattent comme un noir nuage,
Ou s'envolent par tourbillons
Sur les pommiers du voisinage.

Plus d'hirondelles dans l'azur,
Une seule, vraie âme en peine,
Reste en retard sans abri sûr
Contre la froidure prochaine.
Tes sœurs, pauvre oiseau du bon Dieu,
Ne reviendront que l'autre année;
Viens, pour attendre au coin du feu,
Te blottir sous ma cheminée!

A notre nébuleux climat
Plus d'un oiseau reste fidèle,
Le peuplier est un grand mât
Où la pie agite son aile.
En haut chante un chardonneret,
Le roitelet grimpe et s'abrite
Au vieux chêne de la forêt;
En bas pousse une marguerite.

C'est que l'année a beau finir,
On dirait qu'elle recommence
Et rien n'étouffe l'avenir,
Herbe, fleurette, oiseau, semence.
Quand sur les arbres dépouillés
Corbeau des hivers tu te poses,
A la cime des cornouillers
On voit déjà des bourgeons roses.

Le ciel rougit, l'air devient froid,
Le sarment dans l'âtre pétille;
Allons nous chauffer à l'étroit,
Au cercle aimé de la famille,
Et là, devisant, espérant,
Chacun racontera la sienne;
Doux fruit, vin doux et rire franc
Combattront le froid et la peine.

L'automne, d'un dernier regard,
Charme et dore cette journée,
Fêtons sans attendre plus tard
Le déclin si doux de l'année.

PIERRE DUPONT.

LE POËME DU VIN.

Le soir l'âme du vin chante dans les bouteilles :
Homme, je pousserai vers toi, mon bien aimé,
Sous ma prison de verre et mes cires vermeilles,
Un chant plein de lumière et de fraternité.

BAUDDLAIRE.

I.

... Et la muse de l'ivresse parut au milieu de la salle enfumée, parmi les brocs vidés et les buveurs remplis ;

Elle marchait calme, et cependant allègre ; l'œil enflambé de gaîté, les lèvres insolentes de santé, ouvertes comme un livre plein de promesses, les seins bondissants sous la pulsation du cœur, et laissant flotter au hasard, sans souci des accrocs, les plis charmants de sa tunique blanche ornée de pampres rouges ;

Elle marchait, calme et fière dans sa gaîté, comme il convient à la muse de la force, de la santé et du bonheur.

Quelques buveurs, les yeux allourdis par le sommeil et par l'ivresse, s'éveillaient à demi au doux murmure de son souffle et au frou-frou harmonieux de sa capricieuse tunique, et se rendormaient aussitôt, bercés par cette riante et mélodieuse vision ;

D'autres, épars çà et là, sous les tables, ou dessus, parmi les pots, les coudes dans leurs verres, leurs pieds dans leurs mains, soupiraient des phrases inconnues ou chantaient des airs inédits avec un accent qu'on ne retrouve plus une fois à jeun ;

Ceux-ci se tenaient étroitement embrassés et pleuraient des larmes de tendresse qui coulaient abondantes le long de leurs joues, le long de leurs mains, puis le long de leurs bras et allaient se perdre dans leurs brocs à moitié taris, — leur source !

Ceux-là, rogues, maigres, sombres, le collet crasseux, la mise dépénaillée, gesticulaient et péroraient à voix basse, dans la langue qu'on nomme à la Sorbonne, aux cours qui ont l'Arménien pour unique auditeur. Les plus savants parlaient d'Hégel, de Shelling, de Kant, de Fichte et le reste; les plus gais psalmodiaient un *Dies iræ* philologique, philosophique, théosophique, et le reste !

Ces philosophes-là, perdus dans leur métaphysique et dans leur orgueil, grisés par leur érudition et plus encore par leur vanité, ne daignèrent point s'apercevoir de la présence de la muse, et continuèrent à entonner leur plain-chant philosophique et rationaliste, et à se gourmer pédantesquement au nom du *moi* et du *non*. *Moi*, du *subjectif* et de *l'objectif*.

Mais la muse, malgré ce dédain, les couvrit tous d'un regard chargé d'une longue et bienveillante pitié, et secoua sur eux les grappes parfumées qui pendaient à ses cheveux blonds, perles liquides, rubis humides, — qui ne coûtent pas si cher que les autres et qui valent cent fois mieux;

Puis elle passa. Car elle avait ses amis parmi ces trognes rougies et ces joues empourprées. Elle les avait marqués du doigt; elle les reconnaissait, malgré les nuages de tabac et les vapeurs d'ivresse qui couraient le long de la salle et qui obscurcissaient les visages; elle les reconnaissait comme on reconnaît toujours les préférés de son cœur.

Elle se dirigea, — avec des précautions exquises, de peur d'écraser quelques dormeurs imperturbables, — vers le fond de la salle, où se tenait assis sur un banc, adossé contre la muraille, un broc entre les jambes, un vrai buveur du bon Dieu!

La muse alors entr'ouvrit des belles lèvres rouges et fraîches, et chanta, — d'une voix douce, claire et tendre, à faire dépérir de jalousie toutes les Pasta, toutes les Malibrans, toutes les Sontag du monde, — les mauvais vers que voici :

> Moi, je suis la muse moderne,
> Moi, je suis la réalité!
> Point de visage rogue et terne,
> Point de tristesse : la santé!
> Mes mamelles, de vin sont pleines,
> Et mes bras sont chargés d'épis;
> A toutes les douleurs humaines
> J'apporte des jours de répits.

Je viens détrôner les chimères,
Rajeunir un monde trop vieux,
Oter à des bouches amères
Le droit de se plaindre des dieux !
Ce vieux monde est bien jeune encore,
C'est un enfant à qui l'on ment,
Son crépuscule est une aurore,
Ses blasphèmes un bégaîment.
Pour qu'il ouvre enfin à la vie
Ses yeux, sa cervelle et son cœur,
On n'a qu'à supprimer l'envie,
L'orgueil, le mensonge et la peur !

II.

Quand la muse eut fini, elle tendit une main à ce buveur superbe qui engloutissait avec une majesté épique le contenu d'un large vidrecome, et posa familièrement l'autre main sur son épaule robuste.

Il fredonnait, lui aussi, de temps en temps, d'un air joyeux et reconnaissant, les narines toutes dilatées, un vieux *vaudevire* d'Olivier Basselin, le père des flons-flons et de la gaîté !...

La muse le regarda longtemps sans rien dire, l'écoutant et le respirant, heureuse qu'elle était de lire, en grosses lettres, sur son visage, les bonnes et loyales pensées qui trottaient dans son cœur, à l'aise dans une vaste poitrine ;

Puis, enfin, penchant sa tête parfumée sur la tête un peu oscillante de cet ami de *la pourée septembrale*, et mêlant son enivrant sourire au gros rire intelligent et sonore de cet ivrogne, elle lui dit, de sa voix la plus tendre et la plus émue :

III.

« Je t'aime ! oh ! je t'aime, toi, buveur à la rouge trogne, à l'œil vif, au teint clair, au rire d'enfant, aux épaules de taureau ; je t'aime !..

« Je t'aime, parce qu'on lit sur ta large face colorée comme les pampres au soleil couchant, toutes les nobles passions humaines, toutes les grandes affections du cœur, toutes les bonnes aspirations de l'esprit !

« Je t'aime parce que tu es tolérant et bienveillant; parce que tu ne veux pas vivre seul, parce que tu aimes mieux aimer que haïr; parce que tu as l'esprit, le cœur et la bourse très-hospitaliers, et que tu ne regardes tes amis borgnes du cœur, de l'esprit ou du visage, que de profil, que du côté où ils peuvent faire illusion et te tromper; c'est si bon d'être trompé de cette façon-là !

« Je t'aime aussi, parce que tu m'aimes ! parce que tu es venu à moi avant d'aller ailleurs; parce que tu m'as donné les prémices de ton cœur et la virginité de tes sensations; parce que j'ai été ta première et ton unique maîtresse ! Le vin n'est pas ingrat envers ceux qui lui ont voué l'affection que tu me témoignes ! Le vin est reconnaissant à ceux qui lui sont reconnaissants ! Tu t'es fiancé à moi, c'est à dire à la bonté, à la santé, au bonheur, à la vie !

« T'ai-je jamais trompé, trahi, déshonoré ? T'ai-je rétréci l'esprit, raccorni le cœur, étiolé le corps ? Non ! non ! non ! le vin n'est pas la femme ! La chaste muse de l'ivresse n'est pas la luxurieuse et folle déesse de l'amour ! je t'ai élargi le cerveau, je t'ai élargi la poitrine; j'ai fortifié ton corps, ton intelligence et ton âme ! je t'aime, ô mon saint buveur ! Merci pour ton amour ! »

Et déposant un fraternel et chaste baiser sur le front uni, calme et doux du buveur attendri par cette musique et enivré par cette caresse, la belle muse se releva et s'éloigna comme à regret.

IV.

Sur le seuil, son pied léger heurta le corps d'un homme qui sanglotait, à genoux, et mordait la terre avec désespoir. Elle allait passer, un bras la retint par un pan de sa tunique, et une voix désolée lui cria :

« Muse de l'ivresse ! toi aussi tu m'as trompé ! toi aussi tu m'as tendu une coupe dont les bords semblaient frottés d'ambroisie et dont le fond était plein d'une lie amère! J'ai voulu t'aimer! et tu m'as trompé! Je te demandais l'oubli et tu m'as rendu le souvenir! tu m'as trompé: je te hais! »

La muse secoua, un peu dédaigneuse, les plis de sa transparente tunique, souillée par le contact impur de cet ivrogne, et elle lui jeta, en partant, ces paroles moitié ironiques et moitié bienveillantes:

« Quant à toi, buveur à mine blême, à l'œil sombre, au visage éteint, je ne te connais pas! Tu es venu à moi après avoir couru après d'autres bonheurs, après avoir fait la chasse à d'autres chimères! Après avoir été déçu dans tes rêves, trompé dans tes amitiés, trahi dans tes amours; après avoir été torturé par des femmes sans cœur, sans intelligence et peut-être sans beauté, tu t'es jeté désespéré dans mes bras pour y chercher l'oubli de tes maux, le baume de tes blessures, la paix du cœur et le calme de l'esprit! Je ne t'ai pas repoussé, parce que le vin ne repousse personne, pas même ses ennemis! Mais je ne puis t'aimer autant que je t'aurais aimé si tu m'avais choisie pour ton premier amour, si tes lèvres avaient goûté à mon lait puissant avant de boire le poison des passions étroites et mauvaises. J'ai essayé de te faire oublier, puisque tu voulais oublier; mais je n'ai pas réussi, parce que tu t'y es opposé toi-même, et aussi parce que le vin n'est pas le Léthé; c'est un Nil aux ondes superbes qui féconde les rives où il passe... Adieu!... »

Et la muse du vin disparut dans la brume de la nuit comme une vapeur d'argent et d'or, au bruit des ronflements des buveurs, des discussions aigrelettes des Hégéliens et des Kantistes, des malédictions et des sanglots du pauvre amoureux. Mais de tous ces bruits elle n'en saisit qu'un seul qu'elle emporta précieusement avec elle comme une harmonie. Ce fut le *Merci!* plantureux de son ivrogne bien aimé!...

Alfred Delvau.

CHANSON D'AVRIL.

L'hiver s'en va, déjà la cloche
Douce comme un son de cristal,
Murmure au printemps qui s'approche
L'*O filii* du jour pascal.
Dans l'air plus doux les girouettes
Tournent aux souffles du midi.
Voici fleurir la violette,
Voici chanter le premier nid.

L'hiver fut au pauvre rigide,
Il en a compté les longs jours
En mesurant son cellier vide,
Quand la neige tombait toujours.
La dernière bûche allumée
Rougit l'âtre d'un pâle éclair,
Moitié cendre et moitié fumée
Le vent la dissipe dans l'air.

Pèlerins des montagnes bleues,
Voyez à l'orient vermeil,
Les oiseaux qui font mille lieues
Entre deux levers de soleil.

Cris joyeux et battements d'aîle
Qui mettent le ciel en gaîté
C'est le retour des hirondelles
Et c'est le retour de l'été.

Mais depuis la dernière année
Les loyers sont bien renchéris,
Un trou noir dans la cheminée
Comme un entresol a son prix.
Pourvu que les propriétaires
N'augmentent pas, en même temps
Que tous les autres locataires,
L'ambassadrice du printemps.

Avec la jeune feuille verte
Qui sort du bourgeon printanier,
Paraît à sa fenêtre ouverte
Ma voisine de l'an dernier.
Pendant les mois d'hiver, frileuse
Elle n'a pas quitté son nid.
Jadis elle eût posé pour Greuze,
Maintenant c'est pour Gavarni.

Avril a reverdi la terre,
Dans l'air pur descendu des monts,
Circule une senteur amère
Qui vient enivrer les poumons.
Tout s'apprête pour reproduire,
Chaque créature de Dieu
S'éveille, s'agite et respire
Selon son être et son milieu.

MURGER.

VIN DE RABELAIS.

I.

Comment furent les dames lanternes servies à souper.

Les vizes bouzines et cornemuses sonnèrent harmonieusement, et leur furent les viendes apportées.. A l'entrée du premier service, la reine print, en guise de pilules qui senfent si bon (je di *ante cibum*) pour soi desgraisser l'estomach, une cuillerée de petasunne, qui furent servis :

Des croquinoles savoreuses.
Des happelourdes.
Des badigouyeuses.
Des coquemares à la vinaigrette..
Des coquecigrues.
Des étangourres.
Des balivernes en paste.
Des estroncs fins à la nasardine.
Des auchards de mer.
Des godiveaulx de levrier bien bons.
Du promerdis grand viende.
Des bourbelettes.
Primeronges.
Des bregizollons.
Des lansbygots.
Des orleginingues.
De la bistroye.

Des brigailles mortifiées.
Des genabins de haulte futaie.
Des starabillats.
Des cormeabots.
Des cornameux revestus de bize.
De la gendarmenie.
Des jirangois.
De la trismarmaille.
Des ordisopirats.
De la mopsopige.
Des brebasenas.
Des fundrilles.
Des chinfrenaulx.
Des bubagotz.
Des volepupinges.
Des gafelages.
Des birnouzets.
De la mircleridaine.
De la croquepie.

En second service furent servis :

Des ondrespondredets.
Des entreduchs.
De la forande vestanponarde-
  rie.
Des baguenauldes.
Des dorelotz de l'espine.
Des baudielmagnes , viende
  rare.
Des manigoulles de levant.
Des brimborions de ponent.
De la petaradine.
Des notrodilles.
De la vesse coulière.
De la foire en braie.
Du suif d'asnon.
De la crotte en poil.
Du mirvascon.
Des fanfreluches.
Des spopondrilloches.
Du laisse-moi en paix.
Du tire-toi-la.
Du boute-lui toi-mesme.
De la claquemain.
Du sainct balleran.
Des épiboches.
Des ivrechaulx.
Des giboullées de mars.

Des triquebilles.
De la baudaille.
Des smuberlots.
Des je renie ma vie.
Des hurtalis.
De la patissandrie.
Des aucrastabots.
Des babillebalons.
De la marabire.
Des suisaubregois.
Des quaisse quesse.
De coquelicons.
Des maralipes.
Du brochaucultis.
Des hoppelats.
De la marnitaudaille avec beau
  pissefort.
Du merdignon.
Des croquinpedaigues.
Des tintalores.
Des pieds à boules.
Des chinfroncaulx.
Des nez d'as de treffles en
  paste.
De pasque des soles.
Des estafilades.
Du guyacoux.

Pour le dernier service furent présentés :

Des drogues senogues.
Des triquedaudaines.
Des gringuenauldes à la jon-
  cade.
Des brededinsbrededas.
De la galimaffrée à l'estafi-
  guade.
Des barabinbarabas.

Des moquecroquettes.
De la huquemasche.
De la tirlitantaine.
Des neiges d'antan, desquelles
  ils ont eu en abundence en
  Lanternois.
Des gringalots.
Du saléchrot.

Des mirelaridaines.	De la menigance.
Des mizevas.	Des tritrepoluz.
Des gresamines, fruict déli-cieux.	Des befaibemis.
	Des aliborrins·
Des mariolets.	Des tirepetadans.
Des friquenelles..	Du coquerin.
De la piedebillorie.	Des coquilles betissons.
De la mouchaicalade.	Du croquignologe.
Du souffle au cul mien.	Des tinctenarrois.

Pour desserte apportèrent un plein plat de merde couvert d'estronts fleuris : c'estoit un plat plein de miel blanc, couvert d'une guimple de soie cramoisine.

Leur boitte fut en tirelarigots, vaisseaulx beaulx et antiques, et rien ne burent force œlacodes, breuvage assez mal plaisant en mon goust; mais en Lanternois, c'est boite deifique : et s'enivrent comme gents, si bien que je vid une lanterne œderitée revestue de parchemin, lanterne corporale d'aultres jeunes lanternes, laquelle criant aux cémetières *lampades nocte extinguuntur*, fut tant ivre du breuvage, qu'elle, sus chemin, y perdit vie et lumière; et fut dict à Pantagruel que souvent en Lanternois ainsi périssatent les lanternes lanternées, mesmes au temps qu'elles tenoient chapitre.

Le souper fini, furent les tables levées. Lors, les ménestriers plus que devant mélodieusement sonnants, fut par la reine commencé un branle double, auquel tous et fallots et lanternes ensemble dansèrent. Depuis se retira la reine en son siège; les autres aux divers sons des bouzines dansèrent diversement comme vous pourrez dire :

Serre martin.	La marquise.
C'est la belle franciscane.	Si j'ai mon joli temps perdu.
Dessus les marches d'Arras.	L'espine.
Bastienne.	C'est à grand tort.
Le trihori de Bretagne.	La frisque.
Hely pourtant si estes belle.	Dé mon deuil taste.
Les sept visages.	Par trop je suis brunette.
La gaillarde.	Quand mi soubvient.
La revergasse.	La galliote.
Les crapaulds et les grues.	La goutte.

Marri de par sa femme.
La gaie.
Malemaridade.
La pamine.
Catherine.
Sainct Roc.
Sanxerre.
Nevers.
Picardie la joie.
La douloureuse.
Sans elle ne pui.
Curé, venez donc.
Je demeure seulet.
La mousque de Biscaye.
L'entrée du fol.
A la venue de Noël.
La personnelle.
Le gouvernal.
A la bannie.
Foix.
Verdure.
Princesse d'amours.
Le cœur est mien.
Le cœur est bon.
Jouissance.
Chasteaubriant.
Beurre frais.
Elle s'en va.
La ducate.
Hors de soulci.
Jacqueline.
Le grand hélas.
Tant ai d'ennui.
Mon cœur sera.
La seignore.
Beauregard.
Perrichon.
Maulgré danger.
Les grands regrets.
A l'ombre d'un buissonnet.
La douleur qui au cœur me blesse.
La fleurie.
Frère Pierre.
Va-t'en regret.
Toute noble cité.
N'y boute pas tout.
Les regrets de l'agneau.
Le bail d'Espagne.
C'est simplement donné congé.
Mon c... est devenu sergent.
Expert un poc ou pauc.
Le renom d'un esgaré.
Qu'est devenue ma mignonne.
En attendant la grâce.
En elle n'ai plus de fiance.
Or plaincts, or pleurs, je prends congé.
Tire-toi là, Guillot.
Amour m'ont faict desplaisir.
Les soupirs du polin.
Je ne sçai pas pourquoi.
Faisons la faisons.
Noire et tannée.
La belle Françoise.
C'est une pensée.
O ioyal espoir.
C'est mon plaisir.
Fortune.
L'allemande.
Les pensées de ma dame.
Pensez tous la peur.
Belle a grand tort.
Je ne sçai pas pourquoi.
Hélas, que vous a faict mon cœur.
Hé Dieu! quelle femme j'avoi.
L'heure est venue de me plaindre.
Mon cœur sera d'aimer.

Qui est bien à ma semblance.
Il est en bonne heure né.
La douleur de l'escuyer.
La douleur de la charte.
Le grand allemant.
Pour avoir faict au gré de mon ami.
Les manteaux jaulnes.
Le mont de la vigne.
Toute semblable.
Cremone.
La mercière.
La trippière.
Mes enfants.
Par faulx semblant.
La valentinoise.
Fortune à tort.
Testimonium.
Calabre.
L'estrac.
Amours.
Espéranse.
Robinet.
Triste plaisir.
Rigoron piroui.
L'oiselet.
Biscaye.
La douloureuse.
Ce que sçavez.
Qu'il est bon.
Le petit hélas.
A mon retour.
Je ne fai plus.
Pauvres gents d'armes.
Le faulcheron.
Ce n'est pas jeu.
Beaulté.
Tegratiroine.
Patience.
Navarre.

Iac Bonodaing.
Rouhault le fort.
Noblesse.
Tout au rebours.
Cauldas.
C'est mon mal.
Dulcis amica.
Le chauld.
Les chasteaulx.
La giroflée.
Vazan moi.
Jurez le poids.
La nuict.
A Dieu m'envoie.
Bon gouvernement.
Mi sonnet.
Pampelune.
Ils ont menti.
Ma joie.
Ma cousine.
Elle revint.
A la moietié.
Touts les biens.
Ce qu'il vous plaira.
Puisqu'en amour suis malheureux.
A la verdure.
Sur toutes les couleurs.
En la bonne heure.
Or faict-il bon aimer.
Mes plaisants chants.
Mon joli cœur.
Bon pied bon œil.
Hau bergère ma mie.
La tisserande.
La pavane.
Hely pourtant si estes bellè.
La marguerite.
Or faict il est bon.
La laine.

Le temps passe.
Le joli bois.
Gèvre vient.

Le plus dolent.
Tout lui l'anticaille.
Les hayes.

Encores les vid-je danser aux chansons de Poictou dictes par un fallot de Sainctinessant; ou un grand baislant de Parthenay le Vieil.

Notez, buveurs, que tout aloit de hait, et se faisoient bien valoir les gentils fallots avecques leurs jambes de bois. Sus la fin fut apporté vin de coucher avec belle mouschecuculade, et fut crié largesse de par la reine nous octroya le choix d'une de ses lanternes pour nostre conduicte, telle qu'il nous plairoit. Par nous fut eslue et choisie la mie du grand M. P. l'ami, laquelle j'avois autrefois congnu à bonnes enseignes. Elle pareillement me recognoissoit et nous sembla plus divine, plus hibisque, plus docte, plus sage, plus chérie, plus humaine, plus débonnaire et plus idoine que aultre qui fût dans la compagnie pour notre conduicte. Remerciants bien humblement la dame reine, fusmes accompagnés jusques à nostre nauf par sept jeunes fallots balladins, jà luisant la claire Diane.

Au départir du palais, je ouï la voix d'un grand fallot à jambes tortes, disant que un bonsoir vault mieulx que autant de bons matins qu'il y a eu des chastaignes en farce d'oie depuis le déluge de Ogyges. Voulent donner entendre qu'il n'est bonne chère que de nuicts, lorsque lanternes sont en place accompagnées de leurs gentils fallots. Telles chères le soleil ne peult voir de bon œil, tesmoing Jupiter lorsqu'il coucha avec Alcmène, mère d'Hercules, il le feit cacher deux jours, car peu devant il avait descouvert le larcin de Mars et de Vénus.

II.

Comment nous arrivasmes à l'oracle de la Bouteille.

Nostre noble lanterne nous esclairant, et conduisant en toute joyeusceté, arrivasmes en l'isle désirée, en laquelle estoit l'oracle de la Bouteille. Descendant Panurge en terre feit sus un pied la gambade en l'aer gaillardement, et dist à Pantagruel : « Aujourd'hui avons-nous ce que cherchons avecques fatigues et labeurs tant divers. » Puis se recommanda courtoisement à nostre lanterne. Icelle nous commanda tout bien espérer, et quelque chose qui nous apparust, n'estre aulcunement effrayés. Approchants au temple de la dive Bouteille, nous convenoit passer parmi un grand vignoble faict de toutes espèces de vignes, comme malerne, malvoisie, muscadet, tage, beaulne, mirevaulx, orléans, picardent, arbois, coussi, anjou, grave, corsique, verron, nérac et aultres. Le dict vignoble fut jadis par le bon Bacchus planté avecques telle bénédiction, que touts temps il portoit feuille, fleur et fruict, comme les orangers de San-Remo. Nostre lanterne magnifique nous commande manger trois raisins par homme, mettre du pampre en nos souliers, et prendre une branche verde en main gausche. Au bout du vignoble passasmes dessoubs un arc antique, onquel estoit le trophée d'un buveur bien mignonnement insculpé : sçavoir est, en un bien long ordre de flacons, bourraches, bouteilles, fioles, ferrières, barils, barreaulx, bomides, pots, pintes, cymaises antiques pendentes d'une treille umbrageuse. En aultre, grande quantité d'ails, oignons, eschalottes, jambons, boutargues, parodelles, langues de bœuf fumées, formages vieulx, et semblables confictures entrelacées de pampre, et ensemble par grande industrie fagottées avecques des ceps. En aultre, cent formes de verres à pied, et verres à cheval, cuveaulx, retombes, hanaps, breusses, jadeaulx, salvernes, tasses, goubelets et telle semblable artillerie bacchique. En la face de l'arc, dessoubs le zoophore, estoient ces deux vers inscripts :

Passant ici ceste poterne,
Garnis-toi de bonne lanterne.

« A cela, dist Pantagruel, avons-nous pourvu. Car en toute la région de Lanternois, n'y ha lanterne meilleure et plus divine que la nostre. »

Cestui arc finissoit en une belle et ample tonnelle, toute faicte de ceps de vignes, ornés de raisins de cinq cents couleurs diverses, et cinq cents diverses formes non naturelles, mais ainsi composées par art d'agriculture : jaulnes, bleus, tannés, azurés, blancs, noirs, verds, violets, riolés, piolés, longs, ronds, triangles, quarrés, couillonnés, couronnés, barbus, cabus, herbus.

La fin d'icelle estoit close de trois antiques lierres, bien verdoyants et touts chargés de bagues. Là nous commanda nostre illustrissime lanterne, de ce lierre chacun de nous se fait un chapeau albanois, et s'en couvrir toutes la teste. Ce que fut faict sans demoure. » Dessoubs, dist lors Pantagruel, ceste treille, n'eust ausé jadis passer le pontife de Jupiter. — La raison, dist nostre préclare lanterne, estoit mystique. Car y passant auroit le vin, ce sont les raisins, au-dessus de la teste, et sembleroit estre comme maîtrisée, et dominée du vin, pour signifier que les pontifes, et touts personnages, qui s'addonnent et dédient à contemplation des choses divines, doibvent en tranquillité leurs esperits maintenir, hors toute perturbation de sens : laquelle plus est manifestée en ivrognerie, qu'en aultre passion, quelle que soit. Vous pareillement on temple ne seriez receus de la divine Bouteille, estant par ci dessoubs passés, sinon que Bacbuc, la noble pontife, vist de pampre vos soliers pleins, qui est acte, du tout et par entiers diamètres, contraire au premier, et signification évidente, que le vin vous est en mespris, et par vous conculqué et subjugué. — Je, dist frère Jean, ne suis point clerc, dont me desplaist ; mais je trouve dedans mon bréviaire, qu'en la Révélation, fut, comme chose admirable, vue une femme, ayant la lune soubs ses pieds, c'estait comme m'ha exposé Bigot, pour signifier qu'elle n'estoit de la nature des aultres qui toutes ont à rebours la lune en teste, et par conséquent le cerveau tousjours lunatique : cela m'induict facilement à croire ce que dictes, madame lanterne m'amie. »

III.

Comment nous descendismes soubs terre, pour entrer au temple de la Bouteille, et comment Chinon est la première ville du monde.

Ainsi descendismes soubs terre par un arceau incrusté de plastre, painct au dehors rudement d'une danse de femmes et satyres, accompagnants le vieil Silenus riant sus son asne. Là je disois à Pantagruel : « Ceste entrée me revoque en soubvenir la cave painote de la première ville du monde ; car là sont painctures parcilles en pareille fraischeur comme ici. — Où est,

demanda Pantagruel, qui est cette première ville que dictes ?
— Chinon, di-je, ou Caynon en Touraine. — Je sçai, respondit
Pantagruel, où est Chinon, et la paincte aussi, j'y ai bu maints
verres de vin bon et frais, et ne fai doubte alcune que Chinon
ne soit ville antique, son blason l'atteste, auquel est dict :

> Chinon, deux ou trois fois Chinon,
> Petite ville, grand renom,
> Assise sus pierre ancienne,
> Au hault le bois, au pied la Vienne.

Mais comment seroit-elle ville première du monde ? où le trou-
vez-vous par escript ? quelle conjecture en avez ? — J'ai, dis-je,
trouvé en l'Ecriture sacrée que Caïn fut le premier bastisseur
de ville ; vrai doncques semble que, la première, il de son nom
nomma Caynon, comme depuis ont à son imitation toutes autres fondateurs et instaurateurs des villes, imposé leurs noms
à icelles. Athené, c'est en grec Minerve, à Athènes ; Alexandre,
à Alexandrie ; Constantin, à Constantinople ; Pompée, à Pom-
peiopolis en Cilicie ; Adrian, à Andrianople ; Cana, aulx Cana-
néens ; Saba, aulx Sabéians ; Assur, aulx Assyriens : Ptolemaïs,
Cesarée, Tiberium, Herodium en Judée. »
Nous tenants ces menus propos, sortit le grand flasque (nostre lanterne l'appelloit phlosque), gouverneur de la dive Bouteille, accompagné de la garde du temple, et estoient touts bou-
teillons françois. Icellui nous voyant thyrsigères, comme j'ai
dict, et couronnés de lierre, recognoissant aussi nostre insigne
lanterne, nous feit entrer en seureté, et commanda que droict
on nous menast à la princesse Bacbuc, dame d'honneur de la
Bouteille, et pontife de tous les mystères. Ce que fut faict.

IV.

Comment nous descendismes les degrés tédradiques, et de la paour qu'eut
Panurge.

Depuis descendismes un degré marbrin soubs terre, là estoit
un repos : tournants à gausche en descendismes deux autres,
là estoit un pareil repos ; puis trois à destour, et repos pareil :

et quatre aultres de mesme. Là, demanda Panurge : « Est-ce ici? — Quants degrés, dist nostre magnifique lanterne, avez-vous compté? — Un, respondit Pantagruel, deux, trois, quatre. — Quants sont-ce? demanda elle. — Dix, respondit Pantagruel. — Par, dist-elle, mesme tétrade pythagorique, multipliez ce qu'avez resultant. — Ce sont, dist Pantagruel, dix, vingt, trente, quarante. — Combien faict le tout? dist-elle. — Cent, respondit Pantagruel. — Adjoustez, dit-elle, le cube premier, ce sont huict : au bout de ce nombre fatal trouverons la porte du temple. Et y notez prudentement que c'est la vraie psychogonie de Platon, tant célébrée par les académiciens, et tant peu entendue : de laquelle la moitié est composée d'unité des deux premiers nombres pleins, de deux quadrangulaires et de deux cubiques. »

Alors que descendismes ces degrés numéraux soubs terre, nous firent bien besoing, premièrement nos jambes, car sans icelles ne descendions qu'en roulant comme tonneaulx en cave basse; secondement nostre préclare lanterne, car en ceste descente ne nous apparoissoit aultre lumière en plus que si nous fussions au trou de Sainct Patrice, en Hybernie, ou en la fosse de Trophonius en Béotie. Descendus environ septante et huict degrés, s'écria Panurge, addressant sa parole à nostre luisante lanterne : « Dame mirifique, je vous prie de cœur contrit, retournons arrière. Par la mort bœuf, je meurs de mâle paour. Je consens jamais ne me marier. Vous avez prins de poine et fatigues beaucoup pour moi : Dieu vous le rende en son grand rendoir! je n'en serai ingrat, issant hors ceste caverne de Troglodytes. Retournons de grace. Je doubte fort que soit ici Tenare, par lequel on descend en enfer, et me semble que j'oi Cerberus abbayant. Escoutez, c'est lui, ou les aureilles me cornent; je n'ai à lui devotion aulcune, car il n'est mal des dents si grand, que quand les chiens nous tiennent aux jambes. Si c'est ici la fosse de Trophonius, les lémures et lutins nous mangeront touts vifs, comme jadis ils mangearent un des hallebardiers de Demetrius, par faulte de bribes. Es-tu là, frère Jean? Je te prie, mon bedon, tiens toi près de moi, je meurs de paour. As-tu ton braquemard? Encores n'ai-je armes aulcunes, n'offensives, ne deffensives. Retournons.

— J'y suis, dist frère Jean, j'y suis, n'aie paour ; je te tien au collet; dixhuict diables ne t'emporteroient de mes mains, encores que soye sans armes. Armes jamais au besoing ne faillirent, quand bon cœur est associé de bon bras : plustost armes du ciel pleuvroient, comme aulx champs de la Crau, près les fosses Marianes en Provence, jadis pleuvoient cailloulx (ils y sont encores) pour l'aide de Hercules, n'ayant aultrement de quoi combattre les deux enfants de Neptune. Mais quoi? descendrons-nous ici ès limbes des petits enfants (par Dieu ils nous conchieront touts) ou bien en enfer à touts les diables? Cor Dieu, je les vous gallerai bien à ceste heure, que j'ai du pampre en mes soliers. O que je me battrai verdement! Où est-ce? où sont-ils? je ne crain que leurs cornes. Mais l'idée des cornes que Panurge marié portera, m'en garantira entièrement. Je le voi jà, en esperit prophétique, un aultre Actéon, cornant, cornu, cornecul. — Garde, frater, dist Panurge, attendent qu'on mariera les moines, que n'espouses la fiebvre quartaine. Car je puisse doncques sauf et sain retourner de cestui hypogée en cas que je ne te la beline, pour seulement te faire cornigère, cornipétent : aultrement pensé-je bien que la fiebvre quarte est assez mauvaise bague. Je me soubvien que Grippeminauld te la voulut donner pour femme; mais tu l'appelas hérétique. »

Ici feut le propos interrompu par nostre splendide lanterne, nous remonstrant que là estoit le lieu auquel convenoit favorer par suppression de paroles, et taciturnité de langues : du demourant feit response péremptoire, que de retourner sans avoir le mot de la Bouteille n'eussions désespoir aulcun, puisqu'une fois avions nos soliers fourrés de pampre.

« Passons doncques, dist Panurge, et donnons de la teste à travers touts les diables. A périr n'y ha qu'un coup. Toutesfois je me réservois la vie pour quelque bataille. Boutons, boutons, passons oultre. J'ai du courage tant et plus : vrai est que le cœur me tremble; mais c'est pour la froideur et relenteur de ce cavain. Ce n'est de paour, non, ne de fiebvre. Boutons, boutons, passons, poussons, pissons. Je m'appelle Guillaume sans paour. »

V.

Comment les portes du temple par soi-mesmes admirablement s'entr'ouvrirent.

En fin des degrés rencontrasmes un portail de fin jaspe, tout compassé et basti à ouvrage et forme dorique, en la facé duquel estoit, en lettres ioniques d'or très-pur, escripte ceste sentence, *En oïnô alélhéia*, c'est à dire, *en vin vérité*. Les deux portes estoient d'aerain comme corinthian, massives, faictes à petites vignettes, enlevées, et osmaillées mignonnement selon l'exigence de la sculpture, et estoient ensemble jointes et refermées esgalement en leur mortaise, sans claveure et sans catenas, sans liaison aulcune. Seulement y pendoit un diamant indique, de la grosseur d'une febve égyptiaque, enchassé en or obryzé à deux poinctes, en figure hexagone et en ligne directe : de chascun costé, vers le mur, pendoit une poignée de scordon. Là nous dist nostre noble lanterne que eussions sen excuse pour légitime, si elle désistoit plus avant nous conduire. Seulement qu'eussions à obtempérer ès instructions de la pontife Bacbue : car entrer dedans ne lui estoit permis pour certaines causes, lesquelles taire meilleur estoit à gents vivants vie mortelle, qu'exposer. Mais en tout événement, nous commanda estre en cerveau, n'avoir frayeur ne paour aulcune, et d'elle se confier pour la retraicte. Puis tira le diamant pendant à la commissure des deux portes, et à la dextre le jecta dedans une capse d'argent, à ce expressément ordonnée; tira aussi de l'esseuil de chascune porte un cordon de soie cramoisine, longue d'une toise et demie, auquel pendoit le scordon; l'attacha à deux boucles d'or expressément pour ce pendentes aulx costés, et se retira à part.

Soubdainement les deux portes, sans que personne y touchast, de soi-mesmes s'ouvrirent, et s'ouvrant feirent non bruit strident, non frémissement horrible, comme font ordinairement portes de bronze rudes et pesantes, mais doulx et gracieux murmur, retentissant par la voulte du temple : duquel soubdain Pantagruel entendit la cause, voyant soubs l'extrémité de l'une et l'aultre porte, un petit cylindre, lequel par sus l'esseuil joignoit la porte, et se tournant selon qu'elle se retiroit vers le mur, dessus une dure pierre d'ophites, bien terse, et esgalement polié par son frottement, faisait ce doulx et harmonieux murmure.

Bien je m'esbahissoi comment les deux portes, chascune par soi, sans l'impulsion de personne, estoient ainsi ouvertes : pour cestui cas merveilleux entendre, après que touts fusmes dedans entrés, je projectai ma vue entre les portes et le mur, convoi-

teux de sçavoir par quelle force et par quel instrument s'estoient
ainsi retraictes ; doubtant que nostre amiable lanterne eust à la
conclusion d'icelles apposé l'herbe dicte ethiopis, moyennant
laquelle on ouvre toutes choses fermées : mais j'apperceu que,
la part en laquelle les deux portes se fermoient, en la mortaise
inférieure, estoit une lame de fin acier, enclavée sus le bronze
corinthien.

J'apperceu d'advantage deux tables d'aimant indique, amples
et espaisses en demie paulme, à couleur cérulée, bien licées et
bien polies : d'icelles toute l'épaisseur estoit dedans le mur du
temple engravée, à l'endroict auquel les portes entièrement ouvertes avoient le mur pour fin d'ouverture.

Par doncques la rapacité et violence de l'aimant, les lames
cier, par occulte et admirable institution de nature, batissoient
cestui mouvement : conséquemment les portes y estoient lentement ravies et portées, non tousjours toutesfois, mais seulement
le diamant susdict osté : par la prochaine session duquel l'acier
estoit de l'obéissance qu'il ha naturellement à l'aimant absoult
et dispensé, ostées aussi les deux poignées de scordon, lesquelles nostre joyeuse lanterne avoit par le cordon cramoisi
esloignées et suspendues, parce qu'il mortifie l'aimant, et le
prive de ceste vertus attractive. En l'une des tables susdictes à
deutre, estoit exquisitement insculpé en lettres latines anti-
quaires ce vers iambique senaire :

Ducunt volentem fata, nolentem trahunt (1).

« Les destinées meinent cellui qui consent, tirent cellui qui
refuse. » En l'autre je vid à senestre, en majuscules lettres ioniques élégantement insculpée, cette sentence :

TOUTES CHOSES SE MEUVENT EN LEUR FIN.

Maître François RABELAIS.

____

(1) Vers de Sénèque.

LE BUVEUR ET CLOWN BOSWEL.

Le voilà!... c'est lui, c'est Boswel, le roi des clowns, l'empereur des équilibristes, le jupiter des alcides, l'hercule des hercules, le dieu de l'art mimique!...
Salut à Boswel !

I.

Il s'avance... Je me trompe, il surgit dans le cirque comme une apparition de l'enfer; il s'y glisse avec un certain *déhanchage* ironique, qui est comme le ricanement de la démarche. Les princes des ténèbres doivent marcher ainsi à la tête de leurs légions.

Les membres de Boswel ont de tels caprices dans leurs évolutions, qu'on craint à chaque instant de les voir crever le pauvre petit maillot qui leur sert de pelure, une pelure zébrée d'une foule de couleurs sur lesquelles tranche le vert du lézard d'eau. Ce maillot doit être la défroque de Belzébuth; Boswel doit l'avoir achetée à quelque marchand d'habits qui avait fait de son âme quelque trafic occulte.

L'arrangement de la tête est encore plus baroque : elle est rouge par derrière depuis l'occiput jusqu'au sinciput, et blanche par devant; le tout surmonté d'une paire de cornes assez débonnaires de leur nature puisqu'elles sont flexibles. Boswel me figure ainsi, avec sa moitié de tête de homard cuit, un de ces cardinaux dissolus voués à la damnation, et tels que Michel-Ange en a placés dans son jugement dernier.

Boswel a la face pâle et enfarinée de Pierrot, mais il y a imprimé le cachet de son individualité. La face de pierrot est unie comme un fromage à la crème : c'est presque toujours un air de victime. La physionomie de Boswel est celle d'un mangeur, ou plutôt d'un tentateur d'hommes. La bouche, écarquillée, rit à la manière du caïman; le nez, plein de l'audace du coq, remue malicieusement comme celui de polichinelle; les yeux sont pourvus de tous les ressorts de la fascination. Au-dessus, en guise de sourcils, deux terribles accents circonflexes qui viennent compléter l'orthographe démoniaque de cette page vivante dont le grimoire est plein de mystères. Rappelez-vous les types de Méphistophélès crayonnés par Eugène Delacroix dans la grande édition de *Faust.*

Debureau a fait du visage humain, *os sublime,* ce que peut en faire un artiste comme lui ; il en a fait un clavier sur lequel viennent vibrer, avec une expression magique, toutes les notes de l'âme humaine. Or, je ne crois pas qu'il ait rendu ou qu'il rende jamais le sarcasme comme je l'ai vu grimé par Boswel. La figure de Boswel, c'est le transparent du sarcasme avec des illuminations derrière.

Et ce n'est pas seulement sa figure, c'est le corps tout entier qui est une expression vivante et parlante, une télégraphie intelligible pour tous, une pantomime ailée, l'harmonie de la pantomime.

Hurrah pour Boswel !

Boswel a vaincu la pantomime.

II.

Boswel a mit au moins sept jours à se créer lui-même. Sa genèse est tout aussi compliquée que celle de la Bible. Seulement ces sept jours, toujours comme ceux de la Bible, peuvent avoir plus de vingt-quatre heures et même plus de douze mois.

Le premier jour, Boswel se nourrit de lait de chèvre ; il a suivi sa nourrice dans ses trajets les plus escarpés et les plus périlleux. Après s'être disloqué les membres un nombre de fois indéfini, il s'est dit : « Essayons maintenant de marcher. » Et il s'est trouvé qu'il marchait de tous ses membres ; il marchait sur la tête, sur les coudes et sur les mains. Il se servait de ses jambes comme d'un compas dont son corps était à la fois l'axe et le pivot ; et il traçait avec cet instrument toutes sortes de figures géométriques sur le sable.

Le deuxième jour, il prit à l'homme toutes ses vertus ;

Le troisième jour, il lui prit tous ses vices et toutes ses passions ;

Le quatrième jour il lui prit tous ses ridicules ;

Le cinquième jour, après s'être assimilé les vertus, les vices et les ridicules de l'homme, il s'étudia à faire de sa figure un masque de caoutchouc qui rendrait exactement la plastique de ces ridicules, de ces vices et de ces vertus. Puis il demanda aux magiciens de Rome la recette des meilleurs *hippomanes*, aux vieux satyres leur diplomatie dans la lubricité, à Rabelais le secret de l'ironie, à Shakspeare le secret de ses larmes et de son rire, à Polichinelle le secret de son sac à malices, à Don Juan sa prescience du succès; à Méphistophélès, enfin, son rictus vertigineux et son œil de faucon magnétiseur. Et il s'empara de toutes ces choses.

Le sixième jour, il trouva que ce n'était point assez d'avoir mis l'homme à contribution; il résolut d'épuiser tout le règne animal. Il alla donc au magasin et prit au lion le courage, au mouton la douceur, au cerf la vélocité, au singe l'adresse, à l'âne la patience, à l'écureuil la vivacité, au serpent la prudence, au renard la ruse, à l'éléphant la prestence magistrale, à la femme la séduction, etc., etc. Puis il se dit : « Que Boswel soit, » et Boswel fut!

Le septième jour, quand il eut fait tout cela, Boswel songea à se reposer. Il se reposa en exécutant les douze travaux d'hercule...

Ce n'était rien encore. Il se dit : « Si je faisais ce que personne n'a pu faire avant moi; si je me donnais — ô comble d'ironie! — Un soufflet en pleine figure avec mon propre pied, je serais roi! ô bonheur! je couronnerais l'humanité dans ma propre personne!... » Et Boswel se procura cette énorme satisfaction refusée à tous les humains; il s'envoya un coup de sa propre semelle en pleine figure...

Boswel a vaincu la force, il s'est vaincu lui-même...

Hurrah pour Boswel!!!...

Boswel a vaincu l'impossible.

III.

Comme tous les véritables héros de la force, Boswel est doux et humble de cœur. Tous les soirs il prend part au service ordinaire du cirque avec un flegme digne d'un spartiate (et non d'un allemand); il fait de l'acte le plus simple un événement rien que par un mot, rien que par un geste. S'il apporte, mêlé au groupe des écuyers, le cerceau tendu de papier ou les banderolles qui servent à *travailler*, on est toujours sûr de le voir capter l'attention du public par quelque contorsion épique ou par quelque drôlerie dite de cet accent anglais, qu'il a le talent de rendre si pittoresque ; car, — sachez-le bien, — le clown des clowns est sorti du blanc nid de cygnes de la vieille Albion.

Ses camarades acceptent sa supériorité sans la subir. Auriol lui-même, ce vétéran des *cousins* du cirque, est plein de déférence pour lui. Boswel le regarde de cet air paterne d'un lion qui regarderait un chat peloter une souris. De temps à autre, pour répondre aux cris de sa voix cassée, Boswel se casse en deux avec la même facilité que nous mettons à casser une croûte.

Boswel a vu passer tous les amants de la gloire sans sourciller et sans se sentir le droit d'être jaloux : les dompteurs invincibles, les jongleurs indiens, les héros des jeux romains, tous les miracles de l'adresse et de la force, depuis mademoiselle Aussude jusqu'aux éléphants prodiges... Il soupçonne même ces jeunes pachydermes de regarder Boswel avec une certaine tendresse à travers leur charmant petit œil malin.

Hurrah pour Boswel !
Boswel a vaincu la gloire.

IV.

> . . . . O faibles que nous sommes,
> C'est toujours cet amour qui tourmente les hommes !

Un soir..... — c'était dans le Cirque, en pleine représentation, — Boswel rêvait en tournoyant derrière Franconi, le maître qui tient sa chambrière comme un sceptre ; il songeait à augmenter d'une olympiade son poëme de Titan. Le *French brendy*, source dans laquelle il s'était retrempé, lui montait au cerveau et lui soufflait l'inspiration des grandeurs infinies.

Tout à coup un éblouissement d'archange rayonne à travers son cœur, qu'il sent mouillé d'attendrissement en même temps que ses yeux..... L'écuyère qui *travaillait* dans le Cirque avait du feu partout; du feu dans le regard, du feu sur sa robe lamée d'argent. Les dix mille yeux du public, attachés sur elle, faisaient eux-mêmes comme un cercle de feu... L'écuyère prenait, dans la vision de Boswell, des proportions épiques; elle lui apparaissait comme la bonne fée qui l'avait protégé depuis son berceau, et qui l'invitait à la gloire..... Il se sentait poussé vers elle, attiré par un vertige; il galopait avec sa monture, se cabrait et haletait avec elle.

Boswel se passe la main sur le front pour en écarter cette fascination, et pousse un grognement formidable, afin de se rappeler à la réalité. L'écuyère envoyait en ce moment son sourire le plus charmant vers les gradins de l'amphithéâtre. Le clown suit d'un œil curieux la direction de ce sourire..... Miséricorde! il allait aboutir aux verres enchaînés d'or d'une superbe lorgnette, d'une vraie lorgnette de rentier...

Pour le coup, Boswel partit d'un ricanement guttural auquel les applaudissements de la foule répondirent comme un écho.

L'écuyère accomplissait son dernier tour de manège. Boswel eut envie de la recevoir dans ses bras, de manière à ce que ses lèvres à lui vinssent communir avec son front à elle... Mais il lui prit une foucade diabolique, un vertigo sans pareil; il fit lui-même le saut du tremplin, de telle sorte que la pauvre écuyère, au lieu de tomber dans ses bras, vint donner du nez contre l'envers de Boswel...

Les galeries du haut claquèrent à outrance... Le propriétaire de la lorgnette était cramoisi de fureur.

> Hurrah pour Bowel!
> Boswel a vaincu l'amour.

V.

Il n'est pas un gamin de Paris qui ne connaisse le triomphe de Boswel, et qui n'ait senti battre son cœur en y assistant.

Boswel grimpe avec l'élan d'un jaguar vers le sommet d'une échelle haute de dix mètres. Parvenu à cette élévation, il jette bas un des montants de l'échelle qui se démolit avec les échelons, et il demeure posté , avec une fierté superbe , sur le seul montant qui reste debout. Boswel se plante alors, la tête en bas, sur ce bout de perche, et s'y maintient en équilibre, tout en agitant bras et jambes. L'orchestre exécute un air de *Marco Spada*, et Boswel l'accompagne d'une pantomine on ne peut plus expressive, qu'il fait jouer à ses jambes. Ses jambes ont alors plus de rhythme et de souplesse que tous les chefs d'orchestre réunis n'en ont avec leurs bras. Chose incroyable! sans l'aide de ses membres, Boswel trouve moyen, dans cette atroce position, de faire de sa tête un pivot qui tourne, comme le monde, sur lui-même.

On place un verre d'eau-de-vie (*Brandy french*) à la hauteur d'une de ses mains, et, ainsi renversé, il trouve moyen de l'approcher de ses lèvres et de le boire... Puis il tire un coup de pistolet de chaque main...

On raconte qu'un soir, — je ne vous dirai pas où..., peut-être était-ce à Londres..., — Boswel fut saisi, au moment de son triomphe, d'un accès de spleen... Ainsi renversé, la tête en bas, ses peines de cœur lui étaient peut-être tombées dans la tête...

Ce soir-là donc, on ne sait comment, une chevrotine s'était glissée dans chaque pistolet... Boswel le savait probablement, puisqu'il céda à une tentation infernale. Il dirigea la gueule d'un de ses pistolets vers son front... et lâcha le coup!

Miracle du ciel! la chevrotine avait contourné le front!

Quand Boswel sauta à bas de son mât, il avait un filet de sang qui sillonnait son front en l'encadrant comme une couronne...

Boswel réalisait assez bien en ce moment l'image du chevalier d'Albert Durer s'en allant en guerre contre la camarde...; mais il avait vaincu.

Hurrah pour Boswel!
Il a vaincu la mort.

IV.

Si je n'étais le fils de ma mère, je voudrais être Boswel.

Antonio Watripon.

ÉPILOGUE.

An deuxième de Jean-Raisin, période d'humiliations et de calamités publiques pour l'homme et pour la vigne : nous allons te clore par un résumé sommaire et rapide des événements survenus ou plutôt échappés de la boîte de quelque providence malsaine et irritée.

Nous allons te suivre de mois en mois jusqu'en septembre, époque de ton apparition, époque anticipée, il est vrai, mais nécessaire, et à laquelle nous sommes contraints de céder pour nous soumettre malgré nous aux exigences moutonnières de MM. les libraires, et nous soustraire par ce moyen à une de ces concurrences terribles, devant laquelle nous serions tôt ou tard forcés de hâler bas pavillon.... mais ô très-illustres buveurs!!!

A buveur honnête et payant bien, bonne et loyale mesure, les *bons comptes font les bons amis*. Nous aurons donc soin désormais de porter à votre avoir les trois ou quatre mois manquant à l'appel, pour vous en rendre un compte exact à la fin de chaque almanach qui suivra celui de l'année précédente.

Or, ce que nous allons faire aujourd'hui pour l'an II, nous le ferons dorénavant pour chacune des autres années qui suivront,

an II, III, IV, V et ainsi de suite jusqu'au triomphe définitif ou
à la chute de l'almanach, qui, nous ne saurions nous le dissimuler, a besoin pour croître et se multiplier, du loyal et généreux appui de ceux-là qui savent bien boire et généreusement
penser.

Il y a certains faits que nous laisserons prudemment tomber
dans la rivière sans chercher à les repêcher, ces faits-là se re-
trouveront plus tard dans les filets de l'histoire, qui, elle aussi,
a sa Morgue.

Nous ferons en cela comme notre ami Guichard..., buveur
joyeux, loyal et spirituel, à la trogne enflammée, au nez aurore
et strié de petites veines bleu firmament; lequel revenant certain soir à travers champs, légèrement aviné...

C'est une manière d'anecdote vinicole que je vais vous raconter ; trois mots forment sa couronne, mais je voudrais tout en
m'amusant aux bagatelles de la porte, les finement enchâsser
pour les faire convenablement ressortir à l'œil nu.

Pour ce, je vais un instant céder la parole à notre ami, je le
laisserai raconter lui-même avec cette petite verve, fine, leste
et saccadée, à lui propre et toujours au service de phrases vivement colorées, et se terminant invisiblement par un certain
petit-*psss* imperceptible à l'oreille nue, étant au bout du mot ce
que la mèche est au fouet.

Ce *psss*, selon lui, aurait été une des causes principales des
succès de la fameuse comédienne Mars, et serait encore aujour-
d'hui, d'après ses conseils et à son imitation, cultivé avec avantage par quelques célébrités de la scène française et de plus
professé avec enthousiasme par l'illustre Ricourt, buveur émé-
rite et grand instructeur de déclamation sacrée et profane.

Mais laissons parler le Guichard-*ppss*, écoutons-le et voyons-le
tel qu'il nous apparut le dix-septième jour de septembre 185...
Face enluminée, tête nue, au cabaret de la *Fausse-Lamproie*,
chez le sieur Leblond :

« C'est moi-*ppss*, j'arrive de la campagne sans chapeau-*ppss*,
« comme vous voyez-*ppss*-un dîner formidable, des fleurs par-
« tout-*ppss*-des femmes charmantes, délicieuses, presque toutes
« du théâtre, anciennes connaissances du quartier Latin-*ppss*,
« filles jadis publiques, toutes soie et dentelle, face accommo-
« dée et teinte de bleu-*ppss*, de noir, de rouge, et vernie à la
« poudre de riz-*ppss*, le tout éclairé par mille bougies, cris-

« taux-*ppss*, plats d'argent-*ppss*, des notaires, des agents de
« change, des juges, des journalistes, des secrétaires d'ambas-
« sade, et par le coupletier Nadaud-*ppss*, habit noir, cravate
« blanche, favoris en côtelette, et vérité des vérités-*ppss*, des
« vins de toutes les couleurs dans des carafes taillées-*ppss*.

« Au dessert-*ppss* on a parlé avec enthousiasme des grands
« littérateurs du temps-*ppss*, **on** s'est appesanti-*ppss* sur Emile
« Augier-*ppss*, Sandeau-*ppss* et le poëte Méry-*ppss*. »

Et comme quelques buveurs se prirent à hausser les épaules
en ricanant : « Qu'est-ce qui rit là-bas? je parle sérieuse-
« ment-*ppss*, je n'aime pas qu'on rie quand je parle des gens
« que j'aime et que j'admire ; c'est indécent-*ppss*, et cela d'abord
« me fait perdre le fil de ma narration-*ppss*.

« J'arrive au milieu de vous, la nuit, sans chapeau-*ppss*, je
« veux vous raconter comment-*ppss* je l'ai perdu-*ppss* et voilà
« que l'on m'interrompt-*ppss*. Émettons des idées nouvelles, *sa-*
« *crebleu*-*ppss*-ou taisons-nous-*ppss*.

« Je reprends : je disais donc qu'on s'est appesanti-*ppss* avec
« enthousiasme sur les littérateurs Emile Augier-*ppss*, San-
« deau-*ppss* et le grand poëte Méry-*ppss* et de ses collègues ; ce
« n'est pas tout, le coupletier Nadaud-*ppss* a chanté, j'ai profité
« de l'*occass*... et j'ai filé-*ppss*.

« Oui, j'ai filé-*ppss*, très-filé-*ppss*, j'avais assez bu-*ppss*, j'ai lâ-
« ché la société ; quelques-unes de ces dames qui me faisaient
« des signes et me tapaient de l'œil pour avoir à ne pas les re-
« connaître ont dû se trouver plus à l'aise.

« J'ai fui à travers champs-*ppss* sans regarder derrière moi,
« naviguant sous la fraîcheur des étoiles. J'aime la nature, j'aime
« la nuit-*ppss* et la rosée, l'humide rosée qui rafraîchit le front
« des buveurs-*ppss*.

« Donc complètement oublieux-*ppss* de mes hôtes les notaires,
« et des gouines teintes et parfumées, qui ornaient le superbe
« festin-*ppss*. Je m'en allais de ci de là, cahin ! caha ! festonnant,
« je l'avoue légèrement, ou si vous l'aimez mieux, pour me ser-
« vir d'une tournure grecque, enseptembré selon les jambes
« mais tête libre et parfaitement fraîche ; — lorsqu'au détour
« d'un sentier je trébuche, mon chapeau tombe, premier mou-
« vement-*ppss* je m'affaisse sur moi-même à demi comme pour
« le ramasser-*ppss*, mais en buveur prudent-*ppss*, je me re-
« dresse !

« Lors, m'adressant à ce perfide couvre-chef :
« Si je te ramasse? je tombe; si je tombe, tu ne me ramasse-
« ras pas, toi !!!! *ppss*-je te laisse.

« A ce moment la lune aux trois quarts pleine sortit d'un
« grand rideau de peupliers-*ppss* et je m'éloignai-*ppss*.
« Je crois-*ppss* que non-loin de là, je m'étendis sur l'herbe
« d'un grand pré, pour prendre sérieusement-*ppss* un vrai bain
« de rosée; je commençais à ronfler-*ppss* dans la fraîcheur, lors-
« qu'un âne qui se prit à braire, et une grande multitude de

« bœufs qui vinrent reconnaître en me soufflant violemment-*ppss*
« leur haleine en pleine face, me réveillèrent en sursaut-*ppss*.

« Je me redressai-*ppss* effrayé et bondissant comme un
« homme élastique, ce fut le tour des bœufs d'être effrayés-*ppss*
« et je les vis partir tête en bas et queue en l'air-*ppss*.

« Et l'âne continuant à braire, je me rassurai et je pus re-
« connaître mon chemin-*ppss*, et je vis la Seine qui serpen-
« tait-*ppss*, et je regagnai ses bords fortunés-*ppss*, et je fis
« comme la Seine, je serpentai-*ppss*, ruminant des vers de mon
« ami, A. de Châtillon-*ppss*, heureux et rasséréné de voir mon
« ombre courir sur le clair miroir de l'eau tranquille ; et la lune
« montant toujours, et la grande clarté se faisant de plus en
« plus autour de moi-*ppss*, j'arrivai dans Paris-*ppss*.

« Et voilà pourquoi je me présente à vous sans chapeau avec
« de la rosée sur les cheveux-*ppss* et dans la barbe, rosée sep-
« tembrale, messieurs et amis-*ppss*, distillée par la lune et les
« étoiles.

« Sur ce, pour la sécher, je vais la mouiller avec du meil-
« leur-*ppss*. Le tout de peur de mourir : *buvons toujours, nous ne*
« *mourrons jamais.* Ces paroles sont de notre divin maître Ra-
« belais. Buvons à ce grand tueur de cafards ! ! ! !-*ppss*. »

Et notre illustre buveur, tête toujours libre et sans chapeau,
but avec nous jusqu'au matin.

Le surlendemain, comme je le rencontrais sur le boulevard
avec un chapeau assez flétri. « C'est le mien, me dit-il, ce-
« lui de l'autre nuit-*ppss*, je l'ai retrouvé au même endroit-
« *ppss*, coiffant jusqu'au menton un petit pâtre couleur de terre,
« berlichasseau au dos, une grande gaule à la main-*ppss* et gar-
« dant des oies-*ppss*. Je lui ai donné deux sols et voilà-*ppss*. »

Ce deuxième dénouement que nous voulons bien vous donner
n'était peut-être que l'excuse d'un autre chapeau subreptice-
ment acheté à un marchand d'habits. Ceci n'est qu'un simple détail, mais pour revenir à notre point de départ et rentrer dans
le sujet, il ressort de cette aventure de chapeau tombé et si prudemment laissé, que nous ferons comme notre joyeux et logique ami.

Nous laisserons de côté certains faits que nous ne saurions
ramasser sans courir le risque de tomber, convaincus que si
nous tombions ils ne nous ramasseraient pas-PPSS.

Maintenant chers et honnêtes Buveurs-*ppss* de *ppss* en *ppss*, continuant à parler le langage du buveur Guichard, histoire de batifoler, gaudrioler, cabrioler, allant de bouchons en bouchons, poursuivant les corbeaux à coups de pierre, courant après les papillons, tantôt cherchant des nids et des noisettes, je pourrais ainsi vous traîner à travers champs et vous faire passer par toutes les tortures de l'ennui, alimentant habilement votre curiosité, en faisant reluire à vos yeux l'espoir toujours déçu de quelque grand et utile dénouement.

Ce faisant, j'agirai comme sont accoutumés de le faire, romanciers, gazettiers, feuilletonistes, vaudevillistes, faiseurs de rébus, couplettiers, rimailleurs et autres barbouilleurs de papier peint, grands pipeurs d'oiseaux rares, trouvés dans les vieux livres des vieilles bibliothèques, et remis en lumière par ces lurrons sans vergogne ; le tout pour le plus grand étonnement et applaudissement des bailleurs aux corneilles, lesquels vont avalant avec béatitude toutes les mouches, les grosses, petites et les invisibles, qui sont celles-là qu'on voit danser dans les rayons du couchant les jours de beau temps ; poussière ailée et vivante, laquelle pénètre par la gorge dans l'œsophage, gagne la rate, enflamme le grand maître boyau, irrite les voies urinaires, porte sur le fondement et dispose à des affections, catarrhales, cérébrales, hémoroïdales, tellement terribles, que d'aucuns en meurent subitement, que ceux-là languissent à perpétuité, et que les plus robustes n'échappent que par larges libations, et en se couvrant de flanelle des pieds à la tête.

Passons aux choses sérieuses, arrivons aux faits, je vous ai dit plus haut qu'en paraissant trois mois et demi plus tôt qu'il ne convient à un almanach de le faire, il en résultait pour l'acheteur une perte sèche de trois ou quatre mois. Le moyen le plus simple, le meilleur et le plus honnête de rémédier à cela, c'est de vous donner un petit compte-rendu, sommaire et rapide des principaux événements survenus pendant cette période, c'est ce que nous allons faire immédiatement. Or l'an dernier nous avons paru en octobre — ci : —

ÉPHÉMÉRIDES

DE LA FIN

DE L'AN I DE JEAN RAISIN.

OCTOBRE.

Le poëte Jasmin est porté pour le prix Montyon par les *quarantous soleilas* de l'Académie. — Dénouement subit et imprévu d'une *spéculation* utile entreprise par *Mécenas* Mirès. — Entrée de deux frégates devant Constantinople. — Conférences d'Olmütz. — Rencontre de Nicolas avec l'empereur d'Autriche. — Le choléra se rapproche. — La France et l'Angleterre sont unies plus que jamais. — Apparition des *Mémoires d'un bourgeois de Paris*. — Démolitions. — Redémolitions. — Les aréonautes enlèvent des lions en carton. — Nicolas fait des propositions à plusieurs grands artistes. — Le dramaturge Chevronnet continue à faire paraître d'épouvantables drames. — Apparition d'un nouveau costume pour les chasseurs à cheval. — Visites domiciliaires. — Commencement des hostilités par Omer Pacha. — Infanticides. — Pièce nouvelle au Français, par M. Dumas. — Enthousiasme de ses petits admirateurs. — Arrivée des flottes combinées à Gallipoli. — Mort de François Arago.

NOVEMBRE.

On entend prononcer partout les noms de Mentchikoff, Paskiewitch. — Hausse et baisse. — Baisse et hausse. — Efforts de l'Europe pour rétablir la paix. — Neutralité de la Prusse et de l'Autriche. — On découvre dans les caves d'un hôtel sis aux Champs-Elysées, en réparation, plusieurs bouteilles de vin de Tokai, qui suivant l'étiquette, daterait de cent ans et plus, cet hôtel est celui qu'occupait jadis le fameux Grimod de la Reynière qui se vantait de posséder des échantillons des meilleurs crus du monde entier. Le véritable Tokai, est déposé à Vienne, dans un caveau spécial dont l'empereur seul à la clef, et le reste du monde n'en a jamais savouré que des contrefaçons. — Bataille d'Ottenitza. — Gortsakoff. — Les Russes sont battus, demain ce sera le tour des Turcs. — Mort de la reine de Portugal. — Chasse à Fontainebleau. — Le 20 novembre l'amiral russe Nachinoff à la tête de six vaisseaux de ligne, force l'entrée de Sinope et détruit en une heure de combat sept frégates, deux corvettes et un bateau à vapeur, plus une partie de la ville, puis il rentre dans Sébastopol.

DÉCEMBRE.

On parle de la fusion Nemours et Chambord. — Les flottes entrent dans le Bosphore. — La Seine prend. — La misère va toujours augmentant, l'on rit, l'on boit, l'on chante, et tout est pour le mieux dans le meilleur des mondes. (Il neige)...

ÉPHÉMÉRIDES

POUR

L'AN II DE JEAN RAISIN.

JANVIER.

Le froid, la neige séparent un instant les Turcs et les Russes, chacun rentre sous sa tente, on croit à la paix, on croit à la guerre. — Les protocoles recommencent. — Sinope fume encore. — A Paris, grande neuvaine à Sainte-Geneviève. — Les riches donnent des fêtes pour venir en aide à la misère qui devient de plus en plus grande. — La boulangerie s'impose une distribution de quatre cent mille livres de pain. — Honneur aux boulangers. — Gloire aux riches. — A plaie vive, envenimée, invétérée, l'eau de guimauve a toujours été un soulagement momentané. — En attendant mieux, la misère a accepté. — Les violons et les flûtes couvrent ses gémissements. — On dansera. Apparition des manteaux de cour coupés à la façon de la vieille époque. — Etudes sérieuses des nouvelles grandes dames pour apprendre à les porter et ne pas s'emberlificoter dans les plis de ce vêtement inconnu d'elles et de leurs ancêtres. — Il pleut des almanachs. — Apparition au cirque d'un grand drame dit *Poudre de Perlinpinpin.* — Les Turs passent le Danube, les Russes en font autant, les Turcs se mettent à tuer les Russes et réciproquement, les négociations de paix continuent toujours. — Les escadres combinées de France et d'Angleterre entrent dans la mer Noire. — C'en est fait de la paix. — On en parle toujours. — Les Turcs n'en veulent décidément pas, des jeunes étudiants musulmans qui veulent la guerre se fâchent sérieusement. — Un général français propose de rétablir le bon ordre à Constantinople, le sultan refuse et se charge lui-même de la besogne. — Les Turcs éprouvent quelques revers en Asie. — Schamyl ne pouvant parvenir à se rallier à eux, se retire dans ses montagnes. — Décidément le fameux ours du Nord n'est pas content. — A Paris rien de nouveau. — On démolit toujours. — On danse. — On chante. — Le mime Levassor fait les délices des notaires et des huissiers. — Paris devient port de mer, on y voit des briks, des goëlettes et même des trois mâts. — La hausse baisse, baisse. — Sous la garantie solidaire de la ville de Paris, la boulangerie est autorisée à emprunter 24 millions. —La misère augmente. — Les voleurs inventent une multitude de nouveaux vols.

FÉVRIER.

Nicolas fait chanter des *Te Deum*. — Jérôme Napoléon visite le roi des Belges. — Rachel quitte Saint-Pétersbourg. — On se bat toujours sur le Danube. — Naufrage terrible du *San Francisco*. — Une faible partie des naufragés est sauvée par le capitaine Kilby. — On parle toujours de la Prusse et de l'Autriche. — On ne sait rien. — Mais l'Angleterre et la France arment sur tous les points. — Expéditions de troupes sur une grande échelle. — Incendie du Parlement de Canada. — Lettre de l'empereur des Français à Nicolas. — Réponse de ce dernier. — Les espérances de paix perdent du terrain. — On attend les Anglais à Paris. — La misère est toujours grande. — On danse toujours pour elle.

MARS.

Mort du célèbre Lamennais. — On l'enterre sans pompe, à huit heures du matin. — Le clergé ne suit pas le convoi. — Insurrection en Grèce. — Incendie de la cathédrale de Murcie. — Tentative de révolution en Espagne. — Elle est momentanément comprimée. — On continue à faire des suppositions sur la neutralité de la Prusse et de l'Autriche. Voir même sur celle de la Perse. — M. de Saint-Arnaud est nommé commandant en chef de l'armée d'Orient. — La flotte anglaise part pour la Baltique. — Amiral en chef Napier. — Une flotte française la suit.

— A Paris on a cessé de danser, mais on chante. — Le mois a été superbe.

AVRIL.

L'escadre anglaise arrive à l'entrée de la Baltique. — De grands événements se préparent. — Mort de plusieurs soi-disant grands personnages. — Sur le Danube les hostilités recommencent de plus belle. — Les Turcs ont l'avantage sur les Russes. — Proclamation de M. de Saint-Arnaud aux troupes françaises. — Les Russes passent le Danube à Galatz. — Omer-Pacha qui décidément est devenu un grand général, n'est nullement ému. — Arrivée des Français et des Anglais à Gallipoli. — Les Anglais sont dans la Baltique. — La flotte française les rejoint. — Décidément Cronstatd n'est pas aussi facile à prendre qu'on l'avait pensé. — Naufrage du bateau à vapeur *l'Herculanum*, allant de Gênes à Marseille, à la suite d'un abordage avec la *Sicilia*. — Trois ou quatre passagers seulement parviennent à échapper. — Arrivé du prince Napoléon à Gallipoli.

MAI.

Bombardement d'Odessa. — Nicolas fait chanter un nouveau *Te Deum*. — L'attitude de la Prusse occupe la presse européenne. — La flotte anglaise détruit le château-fort de Gustafsvern dans le golfe de Finlande. — Ile de Hango. — L'Autriche fait une levée de 95,000 hommes. — La Russie concentre des troupes en Pologne. — Les armements continuent plus que jamais chez toutes les puissances de l'Europe. — Le *Tiger*, bateau à vapeur anglais, échoue près d'Odessa. — L'équipage est fait prisonnier. — Sauvetage du puisatier Giraud, à Ecully, près Lyon. — Grande conférence à Varna. — A Paris rien de bien nouveau. — Le mois de mai affreux, de la pluie et du froid.

JUIN.

Défense de Silistrie par les Turcs. — Les Russes lèvent le siége après avoir essuyé des pertes considérables. — Conférences de

Bamburg. — Les Russes évacuent la petite Valachie, pillant et brûlant tout derrière eux. — Mort de Moussa-Pacha, commandant la place de Silistrie. — Un mouvement militaire éclate à Madrid. — A Paris de la pluie, du tonnerre et du choléra, et une multitude de fausses nouvelles. — On démolit toujours, on reconstruit.

JUILLET.

Le terrible ours du Nord fuit devant la peste, et les Turcs consentent à évacuer les Principautés. — Le ministre de l'intérieur Persigny donne sa démission. — Le mouvement militaire de Madrid prend des proportions. — On parle du bombardement de Cronstadt. — Il n'en est rien. — Napier est venu pour reconnaître. — La place est décidément très-rude à prendre. — Une division française s'embarque pour la Baltique, sous le commandement du général Baragay-d'Hilliers. — L'empereur préside à l'embarquement. — Madrid est en pleine insurrection. — Le peuple est maître de tout. — Il peut tout. — La reine est prisonnière dans son palais.

AOUT.

Les Espagnols quittent leurs barricades pour crier : Vive Espartero. — Les Russes remportent plusieurs avantages sur les Turcs en Asie. — La reine Christine est gardée à vue. — Et cependant elle parvient à filer sur le Portugal. — Fête de l'empereur pendant son séjour à Biarritz. — Prise de Bomarsund. — 2,000 prisonniers. — Le tout en vingt-quatre heures. — Le choléra sévit avec fureur sur différents points de la France et de l'étranger et principalement sur notre armée d'Orient.

SEPTEMBRE.

Le temps est magnifique. — L'empereur arrive de Biarritz et prend le commandement du camp de Boulogne. — Nicolas continue à s'entêter. — Les nouvelles d'Orient sont insignifiantes.

— On attend la prise de Sébastopol. — Le ciel devient de plus en plus beau. — Apparition de l'almanach de Jean Raisin le 15 du présent mois.

Ajoutons à tout ce bilan de l'année une multitude d'infanticides, de vols, de suicides, de naufrages, de banqueroutes, de bals de ville et de concerts pour les pauvres, de conférences, de protocoles, de voyages de hauts personnages, de princes russes, en habit bleu, vert, rouge et chocolat, épée d'acier au côté, le chapeau cornu et pluché sur la tête, guindés, bridés, se réunissant entre eux au tour d'un tapis vert pour dissimuler leur pensée, parlant peu mais ne pensant jamais. Hommes qu'on oublie quand ils sont morts, dont on parle beaucoup pendant qu'ils vivent, qu'ils mentent, qu'ils composent leur visage, race des Paskiewitsch, Menshchikoff, ces chiens couchants de tous les czars, idiots gâteux, ambitieux ramollis, fils de notaires, qui croient qu'ils gouvernent le monde et qui feraient bien mieux d'employer leur temps à piocher la vigne.

Que voulez-vous, le vieux monde est ainsi fait, la terre tourne en dépit de tous ces maux et de toutes ces sottises ; faisons comme la terre, tournons et vivons en voyant tout cela, buvons et mourons joyeusement en criant hautement :

Tirez le rideau, la farce est jouée.

GUSTAVE MATHIEU.

GRANDE NOUVELLE. --- GRANDE DÉCOUVERTE.

Est-ce la prise de Cronstadt! ou de Sébastopol? Non! mieux encore que cela. En raison de la disette et de la maladie de la vigne, de l'absence trop prolongée du soleil, nous avons sommé notre ancien collaborateur et chimiste de l'an 1er, François Rynaud, d'avoir à se courber sur ses cornues, à cette fin de trouver une boisson nouvelle et à bon marché.

Ce savant chimiste vient de découvrir la manière de faire du vrai vin, dit *vin de vigne!*... Oui, vin de vigne, puisqu'en effet la vigne, par ses bois, ses bourgeons, ses feuilles, ses bions, le tout concassé et soumis à la fermentation, fait uniquement les frais de cette nouvelle boisson.

Nous nous réservons, dans une Revue joyeuse et vinicole, dit *Almanach perpétuel de Jean Raisin*, et paraissant deux fois par mois, de donner à tous la recette complète pour faire le vin de vigne!...

TABLE DES MATIÈRES.

FIN DE LA TABLE

J. BRY AINÉ, LIBRAIRE-ÉDITEUR.

CATALOGUE COMPLET

DES

OUVRAGES ILLUSTRÉS

À 20 centimes la livraison.

Paris, 27, rue Guénégaud, 27.

1855

NOMS DES AUTEURS

DES OUVRAGES

CONTENUS DANS CE CATALOGUE.

WALTER SCOTT, LORD BYRON, COOPER, ALPHONSE KARR,
EUGÈNE SUE, BALZAC, BIBLIOPHILE JACOB, AUGUSTE LUCHET,
ALP. BROT, PAUL FÉVAL, MICHELET, HENRI MARTIN,
A. MONTÉMONT, GUSTAVE MATHIEU, L. BARRÉ, HOUZÉ,
ÉMILE DE GIRARDIN, ALPHONSE ESQUIROS,
PIERRE DUPONT, BENJAMIN GASTINEAU, DICKENS, GŒTHE, RICHARDSON,
MANZONI, BENJAMIN CONSTANT, A. LABATTE, SEBATINI RHÉAL,
FRANÇOIS RABELAIS, DANTE ALIGHIÉRI,
MICHEL MONTAIGNE, ETC., ETC.

Toute demande au-dessus de 25 francs, accompagnée d'un bon sur la poste, à l'ordre de M. Bry, sera expédiée *franco* sur toutes les lignes de Chemins de fer et de Messageries.

Nota. Toute lettre non affranchie sera refusée.

J. BRY AINÉ, LIBRAIRE-ÉDITEUR,
27, rue Guénégaud, 27.

ŒUVRES

DE

FRANÇOIS RABELAIS

précédées

D'UNE NOTICE HISTORIQUE

SUR LA VIE ET LES OUVRAGES DE RABELAIS

augmentée de nouveaux documents

PAR P. L. JACOB

BIBLIOPHILE

—

NOUVELLE ÉDITION

Revue sur les meilleurs textes et particulièrement
De J. LE DUCHAT et de S. de L'AUDNAYE

PAR LOUIS BARRÉ

ILLUSTRÉE PAR GUSTAVE DORÉ

Un joli volume avec couverture rouge et or.
PRIX : 7 FRANCS 50 CENTIMES.

On peut se procurer l'ouvrage par série de 1 fr. 50.

ŒUVRES

DU

DANTE ALIGHIERI

LA DIVINE COMÉDIE

L'ENFER, LE PURGATOIRE, LE PARADIS.

NOUVELLE ÉDITION

Précédée du nouveau travail sur la vie et les ouvrages du Dante
et d'une clé générale du Poëme.

PAR SÉBASTIEN RÉHAL

AVEC DES NOTES EXPLICATIVES
PAR LOUIS BARRÉ

ILLUSTRÉE PAR ANTOINE ETEX

Un joli volume, couvertures bleu et or.

PRIX : 6 FRANCS

On peut se procurer l'ouvrage par série.

LE VIEUX

ET

LE NOUVEAU PARIS

OU

HISTOIRE PAR ORDRE ALPHABÉTIQUE

Des Rues, Places, Monuments, Églises, Abbayes, Monastères,
Palais, Colléges, Hospices, Tombeaux, Antiquités.

Comprenant la Biographie des Hommes remarquables nés à Paris.

SOUS LA DIRECTION

DE HENRI MARTIN

Auteur de l'Histoire de France

Illustré de jolies vignettes, par E. BOCOURT

IL PARAIT 2 SÉRIES PAR MOIS. — 20 CENTIMES LA LIVRAISON

Première série.	. . . . . 70 c.		Troisième série.	70 c.
Deuxième série.	 70		Quatrième série.	70

SOUS PRESSE :

LE BATON DE HOUX

SATYRES ET POÉSIES

PAR GUSTAVE MATHIEU

J.-P. HOUZÉ, L. BARRÉ.

ENCYCLOPÉDIE NATIONALE

DES

SCIENCES, DES LETTRES ET DES ARTS

Résumé complet

DES CONNAISSANCES HUMAINES

RÉDIGÉE PAR UNE SOCIÉTÉ DE SAVANTS ET DE GENS DE LETTRES

Illustrée de 1580 gravures sur bois, publiée en 160 livraisons de 16 pages à 20 centimes.

—

L'ouvrage complet : 22 francs.

14ᵉ ÉDITION COLORIÉE.

LES

MURAILLES RÉVOLUTIONNAIRES

PROFESSIONS DE FOI, PROCLAMATIONS ET DÉCRETS, AFFICHES ET BULLETINS DE LA RÉPUBLIQUE

COLLECTION COMPLÈTE

PARIS ET LES DÉPARTEMENTS

DEPUIS FÉVRIER 1848 JUSQU'AU 2 DÉCEMBRE 1851.

Quatre beaux volumes in-4º. — Prix du volume, 6 fr.

50 centimes la livraison coloriée. — Les 2 premiers volumes sont en vente.

VEILLÉES LITTÉRAIRES

ILLUSTRÉES

Par Célestin Nanteuil, Johannot, Baron, Édouard Frère,
Charles Mettais, Bocourt.

GOETHE.

Werther.	» 20
Faust.	» 50

B. CONSTANT.

Adolphe.	» 20

STERNE.

Le Voyage sentimental. . . .	» 20

X. DE MAISTRE.

Voyage autour de ma chambre.	
Le Lépreux.	» 20

CAZOTTE et P. BRY.

Le Diable amoureux. . . .	
Poésies et Fables. . . .	» 20

ALPHONSE ESQUIROS.

Charlotte Corday.	» 20
Histoire des Montagnards. . .	1 10
Les Confessions d'un Curé de village.	» 70
Les Martyrs de la liberté. . .	4 20

BENJAMIN GASTINEAU.

Le Règne de Satan.	» 20
L'Orpheline de Waterloo. . .	» 20
Comment finissent les Pauvres.	» 20

TRESSAN et LACHAMBAUDIE.

Histoire du petit Jehan de Saintré.	
Fables.	» 20

L. BONAPARTE.

La Tribu indienne.	» 20

Mme DE DURAS.

Ourika et Édouard.	20 «

Mme COTTIN.

Claire d'Albe.	» 20

J. SANDEAU et C. BAUDELAIRE.

Mademoiselle de Kéronare.	
La Fanfarlo.	» 20

P. BONAPARTE.

La Rose de Castro.	» 20

GOLDSMITH.

Le Vicaire de Wakefield. . .	» 50

AD. ESQUIROS et LACHAMBAUDIE

Un Vieux Bas-Bleu.	
Fables.	» 20

DIDEROT.

Le Neveu de Rameau. . . .	
Les Amis de Bourbonne. . .	» 20
La Religieuse.	» 20

L. FOUQUÉ.

Oudine.	» 20

SCARRON ET L. BARRÉ.

Le Roman comique.	1 10

RICHARDSON.

Clarisse Harlowe.	2 10

A. BROT.

Ainsi soit-il.	» 50
Seul au Monde.	1 10
Priez pour elles.	» 70
Carl Sand.	» 70
Le Médecin du Cœur. . . .	» 70
Le Bourreau du Roi.	» 50

L. CHASSIN.

Histoire du Petit Manteau bleu. . » 50

KINKEL. — ALFR. DELVEAU.

Aventures d'un Ver luisant. . } » 70
Un Garçon de bonne foi. . .

ÉMILE DE GIRARDIN.

Émile. . . . . » 50

ANDRÉ LEMOYNE.

La Patrie en danger. . . . . » 20

BEAUMARCHAIS.

Théâtre. . . . . » 50

COOPER.

Le Dernier des Mohicans. . . » 70
La Prairie. . . . . » 70

FIÉVÉE.

La Dot de Suzette. . . . . » 20

CHAMPFLEURY.

Les Confessions de Sylvius. . » 20
Les Comédiens de Province. . » 20

VICTOR DUCANGE.

Léonide ou la Vieille de Suresnes » 90
Le Médecin confesseur. . . . 1 10
Les Trois Filles de la Veuve. . 1 10

JULES JANIN.

L'Ane mort et la Femme Guil-
lotinée. . . . . » 50

A. HOUSSAYE.

Aventures galantes de Margot.. » 20

DICKENS.

Le Grillon du Foyer. . . . }
Le Possédé et le Pacte du Fan- } » 70
tôme. . . . . }
La Bataille de la Vie.. . . . }

J.-J. ROUSSEAU.

Mes Confessions. 1 50

ALPHONSE KARR.

Geneviève. . . . . » 70
Une Heure trop tard. . . . » 70

AINSWORTH.

Le Bandit de Londres. . . . . » 90

Mᵐᵉ ANCELOT.

Gabrielle. . . . . » 70

MICHEL MASSON.

Une Couronne d'épines. . . . » 90
Le Maçon. . . . . 1 »

POFFROY-CHATEAU.

Napoléon Iᵉʳ. 1 50

PAUL FÉVAL.

Les Mystères de Londres (1ʳᵉ p.). 1 10
Id. id. (2ᵉ partie). 1 10
Id. id. (3ᵉ partie). » 90
Id. id. (4ᵉ partie). » 90

L'ouvrage complet. . . . 3 75

AUGUSTE LUCHET.

Thadéus le Ressuscité. . . . 1 50
Frère et Sœur. 1 10
La Communion militaire.. . . }
Le Bagne de Brest. . . . . } » 70
Sœur Marie. . . . . » 50

ANTONIO WATRIPON.

Les Étudiants de Paris. (Première
partie : Les Étudiants d'autrefois. . . . . » 70

ANNA MARIE et AD. DUMAS.

La Famille Cazotte. . . . . }
Sœur Thérèse. . . . . . . } » 70

ANNA MARIE et BRUCKER.

Quarante-huit heures de la vie de
ma mère. — L'Ame exilée. . » 50

ANNA MARIE.

La Science funeste. . . . . . » 50

CLÉRY.

Captivité de Louis XVI au Temple » 50

MANZONI.

Les Fiancées (1ʳᵉ partie). . . . 1 50
Id. (2ᵉ partie). . . . 1 50

WALTER SCOTT.

Illustré de 800 dessins,
par Ed. Frère.

Traduction de L. Barré.

Ivanhoe.	1 10
La Fiancée de Lammermoor.	» 70
Les Puritains.	» 90
Rob-Roy.	» 90
Premier volume broché.	4 »
Quentin Durward.	} 1 10
La Dame du Lac.	
Le Major Dalgetti.	» 50
L'Antiquaire.	» 90
Le Monastère.	» 90
L'Abbé.	1 10
Deuxième volume broché.	4 »
La Prison du comté d'Edimbourg	1 50
Cromwell.	1 10
Le Pirate.	» 90
Le Château de Kenilworth.	1 10
Troisième volume broché.	4 »
Richard Cœur-de-Lion.	» 70
Péveril du Pic.	1 10
La Jolie Fille de Perth.	1 10
Guy Mannering.	» 90
Le Nain Noir.	} » 70
Le Château dangereux.	
Quatrième volume broché.	4 »
Le comte Robert de Paris.	» 78
Aventures de Nigel.	» 90
Redgauntlet.	» 90
Les Eaux de Saint-Ronan.	} » 50
La Veuve des Montagnes.	
Les Fiancés de Powys-Land.	» 50
Le duc de Bourgogne.	1 10
Cinquième volume broché.	4 »
Chronique de la Canongate.	» 50
La Fille du Chirurgien.	}
Le Miroir de ma Tante Margue-	» 70
rite.	
Rokeby.	» 50
Harold.	» 50
Le dernier Ménestrel.	» 70
La Maison d'Aspen.	» 70
Histoire d'Ecosse.	1 10
Sixième volume broché.	4 »
L'ouvrage complet.	24 »

LORD BYRON.

Illustré de 80 dessins, par Ed. Frère,
Bocourt Mettais, etc., etc.

Traduction de L. Barré.

PREMIÈRE SÉRIE.

Le Corsaire.	}
Lara.	» 50
Heures de Loisir.	

DEUXIÈME SÉRIE.

Pèlerinage de Child-Harold.	}
La Fiancée d'Abydos.	» 70
Le Giaour.	

TROISIÈME SÉRIE.

Mazeppa.	}
Le Tasse et le Dante.	
L'Ile.	» 50
L'Age de Bronze.	

QUATRIÈME SÉRIE.

Le Prisonnier de Chillon.	}
Beppo.	
Les Bardes, etc.	
Parisina.	
Se Siége de Corinthe.	» 70
Ode à Napoléon.	
Mélodies hébraïques.	
Vision du Jugement dernier.	

CINQUIÈME SÉRIE.

Don Juan.	1 50

SIXIÈME SÉRIE.

La Valse.	}
Le Rêve. — Les Ténèbres.	
Manfred.	» 90
Le Ciel et la Terre.	
Marino Faliero.	
Caïn.	

SEPTIÈME SÉRIE.

Werner.	}
La Métamorphose du Bossu.	» 90
Sardanapale.	
Les deux Foscari.	
L'ouvrage complet.	5 »

L. CHASSIN.

Histoire du Petit Manteau bleu. » 50

KINKEL. — ALFR. DELVEAU.

Aventures d'un Ver luisant. . } » 70
Un Garçon de bonne foi. . .

ÉMILE DE GIRARDIN.

Émile. . . . . » 50

ANDRÉ LEMOYNE.

La Patrie en danger. . . . . » 20

BEAUMARCHAIS.

Théâtre. . . . . » 50

COOPER.

Le Dernier des Mohicans. . . » 70
La Prairie. . . . . » 70

FIÉVÉE.

La Dot de Suzette. . . . . » 20

CHAMPFLEURY.

Les Confessions de Sylvius. . » 20
Les Comédiens de Province. . » 20

VICTOR DUCANGE.

Léonide ou la Vieille de Suresnes » 90
Le Médecin confesseur. . . . 1 10
Les Trois Filles de la Veuve. . 1 10

JULES JANIN.

L'Ane mort et la Femme Guil-
lotinée. . . . . » 50

A. HOUSSAYE.

Aventures galantes de Margot.. » 20

DICKENS.

Le Grillon du Foyer. . . . . }
Le Possédé et le Pacte du Fan-
tôme. . . . . } » 70
La Bataille de la Vie. . . . . }

J.-J. ROUSSEAU.

Mes Confessions. 1 50

ALPHONSE KARR.

Geneviève. . . . . » 70
Une Heure trop tard. . . . » 70

AINSWORTH.

Le Bandit de Londres. . . . . » 90

Mme ANCELOT.

Gabrielle. . . . . » 70

MICHEL MASSON,

Une Couronne d'épines. . . . » 90
Le Maçon. . . . . 1 »

POFFROY-CHATEAU.

Napoléon Ier. 1 50

PAUL FÉVAL.

Les Mystères de Londres (1re p.). 1 10
   Id.   id. (2e partie). 1 10
   Id.   id. (3e partie). » 90
   Id.   id. (4e partie). » 90
  L'ouvrage complet. . . . 5 75

AUGUSTE LUCHET.

Thadéus le Ressuscité. . . . 1 50
Frère et Sœur. 1 10
La Communion militaire... . }
Le Bagne de Brest. . . . . } » 70
Sœur Marie. . . . . » 50

ANTONIO WATRIPON.

Les Étudiants de Paris. (Première
partie : Les Étudiants d'autrefois. . . . . » 70

ANNA MARIE et AD. DUMAS.

La Famille Cazotte. . . . . }
Sœur Thérèse. . . . . . . } » 70

ANNA MARIE et BRUCKER.

Quarante-huit heures de la vie de
ma mère. — L'Ame exilée. . » 50

ANNA MARIE.

La Science funeste. . . . . . » 50

CLÉRY.

Captivité de Louis XVI au Temple » 50

MANZONI.

Les Fiancées (1re partie). . . 1 30
  Id. (2e partie). . . . 1 30

<table>
<tr><td>

WALTER SCOTT.

Illustré de 800 dessins,
par Ed. Frère.

Traduction de L. Barré.

Ivanhoe.	1 10
La Fiancée de Lammermoor. .	» 70
Les Puritains.	» 90
Rob-Roy.	» 90
Premier volume broché. .	4 »
Quentin Durward. . . . . . }	1 10
La Dame du Lac. . . . . . }	
Le Major Dalgetti.	» 50
L'Antiquaire.	» 90
Le Monastère.	» 90
L'Abbé.	1 10
Deuxième volume broché. .	4 »
La Prison du comté d'Edimbourg	1 50
Cromwell.	1 10
Le Pirate.	» 90
Le Château de Kenilworth. .	1 10
Troisième volume broché. .	4 »
Richard Cœur-de-Lion. . . .	» 70
Péveril du Pic.	1 10
La Jolie Fille de Perth. . . .	1 10
Guy Mannering.	» 90
Le Nain Noir. . . . . . }	» 70
Le Château dangereux. . . . }	
Quatrième volume broché. .	4 »
Le comte Robert de Paris. . .	» 78
Aventures de Nigel.	» 90
Redgauntlet.	» 90
Les Eaux de Saint-Ronan. . . }	» 50
La Veuve des Montagnes. . . }	
Les Fiancés de Powys-Land. .	» 50
Le duc de Bourgogne. . . .	1 10
Cinquième volume broché. .	4 »
Chronique de la Canongate. .	» 50
La Fille du Chirurgien. . . . }	
Le Miroir de ma Tante Margue-rite. . . . . }	» 70
Rokeby.	» 50
Harold.	» 50
Le dernier Ménestrel.	» 70
La Maison d'Aspen.	» 70
Histoire d'Ecosse.	1 10
Sixième volume broché. .	4 »
L'ouvrage complet.	24 »

</td><td>

LORD BYRON.

Illustré de 80 dessins, par Ed. Frère,
Bocourt Mettais, etc., etc.

Traduction de L. Barré.

PREMIÈRE SÉRIE.

Le Corsaire. . . . . . . }	
Lara. . . . . }	» 50
Heures de Loisir. . . . . }	

DEUXIÈME SÉRIE.

Pèlerinage de Child-Harold. . }	
La Fiancée d'Abydos. . . . }	» 70
Le Giaour. . . . . . . }	

TROISIÈME SÉRIE.

Mazeppa. . . . . }	
Le Tasse et le Dante. . . . }	
L'Ile. . . . . }	» 50
L'Age de Bronze. . . . . }	

QUATRIÈME SÉRIE.

Le Prisonnier de Chillon. . . }	
Beppo. . . . . }	
Les Bardes, etc. . . . . . }	
Parisina. . . . . }	
Se Siége de Corinthe. . . . }	» 70
Ode à Napoléon. . . . . }	
Mélodies hébraïques. . . . }	
Vision du Jugement dernier. . }	

CINQUIÈME SÉRIE.

Don Juan.	1 50

SIXIÈME SÉRIE.

La Valse. . . . . }	
Le Rêve. — Les Ténèbres. . }	
Manfred. . . . . }	» 90
Le Ciel et la Terre. . . . }	
Marino Faliero. . . . . . }	
Caïn. . . . . }	

SEPTIÈME SÉRIE.

Werner. . . . . }	
La Métamorphose du Bossu. . }	
Sardanapale. . . . . . . }	» 90
Les deux Foscari. . . . . }	
L'ouvrage complet.	5 »

</td></tr>
</table>

HISTOIRE UNIVERSELLE

DES

VOYAGES PAR TERRE ET PAR MER

DANS LES CINQ PARTIES DU MONDE

Revue et traduite

PAR ALBERT-MONTÉMONT

Illustrée par Charles Mettais et Bocourt.

OCÉANIE.

Bougainville. (1 costume color.).	» 70
La Pérouse. — Marion.	» 90
Dumont d'Urville.	
Baudin. — Freycinet. — Duper-	} 1 50
ré. . (2 costumes coloriés).	
Cook (1re partie). . id. . .	1 50
Id. (2e partie). . . id. . .	1 50

Le volume complet, illustré d'un grand nombre de figures noires, de 8 costumes et d'une carte coloriés, se vend. . . . . 6 »

AFRIQUE.

Adanson. — Bonaparte. — Bruce. . . . (1 cost. colorié).	1 10
Levaillant. . . . . id. . .	» 70
Mungo Parck. . . . id. . .	» 70
Burchell. . . . . id. . .	» 70
Denham.—Clapperton. id. . .	» 70
Laing. — Gray. . . id. . .	» 70
René Caillié.—Thompson. id.	» 70
Richard et John Lander. . id.	} 1 10
El Tounsy.—Delegorgue, etc. id.	

Le volume complet, illustré de 80 gravures, de 8 costumes coloriés et d'une carte, se vend. . . . . 6 »

Christophe Colomb. (1 cost. col.)	» 90
Fernand Cortez. . . . id. .	
Pizarre.—Cabral. . . . id. .	} » 70
Humboldt. . . . . . id. .	

Basil-Hall. . (1 cost. colorié) .	» 90
Mistress Trollope et Ross. id. .	» 90
Parry. — Franklin. . . id. .	» 90
Bullock. . . . . . id. .	» 70
Watterton. . . . . . id. .	» 70
Head. — Walsk. . . . id. .	» 70

Le volume complet, illustré d'un grand nombre de figures noires, de 8 costumes et d'une carte coloriés, se vend 6 »

ASIE.

Timkowski. — Amherst. — Marcartney. . (1 cost. colorié;).	1 10
Burkardt. . . . . id. . .	» 70
Finlayson. . . . . id. . .	» 70
Fraser. . . . . . id. . .	» 70
Héber. . . . . . id. . .	» 70
Burns. . . . . . id. . .	» 70
Dubois. — Bell. Fontanier. Id.	» 70
Gabet, et Huc Hommaire, etc. .	1 10

Le volume complet, illustré d'un grand nombre de figures noires, de 8 costumes et d'une carte coloriés, se vend 6 »

EUROPE.

Voyage à Constantinople (1 costume colorié).	» 90
Voyage en Russie (1 cost. col.).	» 90
Voyage sur le Danube (1 cost.).	» 70
Voyage au Caucase et Crimée. .	» 70
Voyage en Suède et Norvège (2 costumes).	1 50